KB184562

FOOD SERVICE IN INSTITUTIONS

집밥에서
단체급식실무까지
한식편

손호창 · 김영수 · 손은수 공저

(주)백산출판사

머리말

책을 편찬하며....

    학교에서는 학생들의 건강한 식생활의 지식과 식습관을 기르기 위해, 관공서 및 기업체에서는 종업원의 건강증진과 기업의 생산성 향상을 위해, 병원에서는 치료의 일환으로 식이요법에 의의를 두고 일반식(부드러운 밥과 부식)과 유동식(수분이 많고 건더기가 없는 음식물)과 병의 종류에 따라 처방된 특별식이 있다.

    그 외 많은 단체에서 편의를 위한 식사를 제공함으로써 단체급식의 큰 의미를 나눌 수있으며, 하루에 1식을 제공하는 것이 가장 보편적이나 많게는 3식 이상의 식사를 급식의 형태로 해결하고 있는 사람들이 늘어나고 있으며 이에 더 안전한 식사를 원하고, 기존 단체급식의 틀에서 벗어난 고객이 만족할 수 있는 서비스를 제공하는 것, 이 모든 것을 통틀어 단체급식의 개념이 아닐까 생각한다.

    단체급식은 특정 다수인, 50인 이상에게 식사를 제공하는 것을 의미하며 현대사회가 발전하면서 고도로 조직화, 산업화의 시대로 발달하면서 식생활에도 많은 변화를 가져오고 있으며, 외식업소, 단체급식소에 의존하는 경향이 점점 늘어나고 있으며, 이 변화에 발맞추어 단체급식의 시장 또한 하루가 다르게 급변하는 환경에 대응하기 위한 적절한 대책 마련 및 발전을 하고 있으며 고객이 만족할 수 있는 음식의 질과 양 모두, 매우 만족할 수 있는 수준을 갖추기 위해 노력하고 있다. 하지만 이보다 더 빠르게 변화하고 있는 고객의 수준을 맞추기 위해서는 많은 과제를 안고 있다.

단체급식에 종사하는 조리사들은 대량 조리를 하는데, 이는 일반적으로 생각하는 소량 조리와는 조리법이 많이 다르기 때문에 단체급식의 전문적인 조리기술 및 대량 조리용 기계 설비 등의 사용방법을 숙지하고 단체급식에서 가장 중요한 위생적이고 안전하게 다양한 메뉴를 조리해야 한다. 또한, 계절의 식재료를 활용, 절기별 메뉴 제공, 사회적 이슈 메뉴 제공 등 원가를 고려한 메뉴를 제공해야 함은 물론 메뉴를 조리 및 제공하기 위한 인원관리를 통해 인건비 관리도 해야 한다.

집에서 시작한, 가정식과 같이 한식을 주로 하며, 주 반찬 또는 찌개나 탕을 메인으로 하여 그에 어울리는 부 반찬을 구성, 김치와 장아찌류 등으로 구성한 메뉴가 예전 단체급식의 형태였으며, 현재는 예전의 급식형태를 유지하면서 단일 메뉴 제공보다 복수 메뉴를 제공하여 기존의 형태를 유지한 메뉴 제공과 더불어 외식시장에서 판매되고 있는 모든 메뉴를 고객이 선택하여 식사할 수 있도록 하고 있으며 고객의 눈높이 또한 시간이 갈수록 높아지고 있는 상황에서 단체급식 실무에 대한 책은 찾아보기 힘든 것이 현실이다.

외식시장의 다양한 메뉴를 제공하면서 외식시장에 맞춰진 다양한 책들과 레시피를 통해 응용된 메뉴를 제공하고 있지만, 이는 급변하고 있는 단체급식 시장에서 단체급식 조리사들이 해결해야 할 문제점이 너무 많으며 매뉴얼화되어 있는 것이 하나도 없다는 것이 현실이다.

단체급식의 운영 구조상 외식시장의 메뉴를 제공하고 있지만, 외식시장만큼 다양한 식재료 및 그에 맞는 식재료의 비율을 사용하기 어려운 것이 사실이며 이러한 어려움 속에 기존의 단체급식 메뉴를 쉽게 이해할 수 있는 조리도서와 외식시장의 메뉴를 단체급식의 구조에 맞게끔 구성하고 변화하고 있는 과정이 담겨 있는 책을 만들어야 한다는 것이 시급한 상황이라 생각한다.

단체급식 현장 업무에 적합한 인적 자원을 양성하는 데 도움이 되고 단체급식을 공부하는 학생들과 단체급식 조리사의 조리능력 향상에 보탬이 되고자 하는 생각을 가진 사람들이 뜻을 모았다.

단체급식 경력이 20년 이상 된 단체급식 전문가, 단체급식에 관련한 학문을 연구하고 있는 교수진, 단체급식과 유사한 업무를 맡은 기업전문가가 단체급식의 모든 분야에서 필요로 하는 내용이 무엇인지를 파악하고 이에 맞는 책을 집필하게 되었다.

본서에서 가장 중요하게 생각한 것은 대량 조리에 대한 레시피 구축이었으며 1인분 레시피는 가정에서도 쉽게 조리할 수 있도록 구성하고, 단체급식에서는 100인분 레시피를 기준으로 했으며, 재료의 특성에 맞는 10kg 단위의 레시피 또한 함께 구성하여 단체급식의 실무 전문도서가 탄생했다.

책의 구성은 한식을 주로 하여 양식, 일식, 중식, 세계요리, 디저트 등으로 구성하여

1권은 한식(국·탕류, 주반찬, 부반찬 1, 부반찬 2, 밥, 김치)의 메뉴를 구성하고, 2권은 양식, 일식, 중식, 세계요리, 3권은 분식, 디저트, 단체급식에서 사용하는 소스로 기획하였다.

3권의 책 모두 단체급식에서 제공 빈도수가 높고 고객선호도가 높은 메뉴를 우선 선정하였으며 쉽게 이해할 수 있도록 메뉴에 대한 설명, 조리 포인트, 응용메뉴를 함께 구성하였다.

1권에서 다루고 있는 한식의 주 반찬은 대부분 100인분 분량으로 레시피를 구성하기보다 주재료 단위별(돼지, 소, 닭 등: 10kg 단위), 포장 단위별(미트볼, 비엔나소시지 등)로 구성하여 메뉴를 구성하여 재료의 양을 측정하기 편하도록 구성하고 있으며, 한식의 기본 소스 배합 비율을 추가로 구성하였다.

양식 메뉴는 외식시장에서 사용되고 있지만, 단체급식에서는 사용하기 힘든 주재료들을 대체할 수 있고 맛을 낼 수 있는 조리법, 추가로 수프 조리법과 기본 드레싱 조리법으로 구성하였고, 마지막으로 세계요리로 구성하였다.

본 도서를 출판하기 전, 공동 저자들과 초심을 잃지 말고 우리가 생각하는 단체급식에 대한 조리 기준서를 만들고자 했던 그 뜻을 본 도서에 그대로 담았다.

단체급식 현장에서 막막함을 좀 덜어드리고자 강의와 컨설팅을 하면서 정리한 내용과 다양한 방면에서 익힌 내용을 바탕으로 좀 더 쉽게 접근할 수 있도록 노력했습니다. 아직 부족한 점이 있을 것입니다. 이 부족한 점들을 조리사 선후배님들의 조언으로 좋은 책으로 자리 잡을 수 있도록 아낌없는 지도 편달 부탁드립니다.

강송목

단체급식 실무에서 했던 경험과 현장에서 터득한 노하우를 토대로 오랜 시간 준비하여 이 책을 만들었습니다만, 미흡하고 부족한 부분이 많을 것입니다. 현장에 근무하시는 실무자분들과 후배분들에게 현장 업무에 개인의 발전능력에 도움이 되길 바랍니다.

김영수

㈜아워홈에서 쌓은 경력과 이후 창업한 반찬가게를 운영하면서 터득한 대량조리에 관한 노하우를 많은 사람과 나누고자 하는 마음에 본서의 편찬에 마음을 같이 하게 되었습니다. 개개인의 입맛을 모두 만족시키지는 못하겠지만 조금이나마 도움이 될 수 있기를 바라는 마음도 함께 담았습니다.

김영현

수년간 산업현장에서 알게 된 노하우와 강의 경험을 바탕으로 쉽게 이해하고 단체급식 현장에 적용할 수 있도록 조리과정을 기록하고 대표 음식을 메뉴화했습니다. 단체급식 조리사의 마음을 조금 더 헤아리고 더욱 발전시키고 싶다는 생각으로 준비했습니다.

손은수

(주)아워홈에서 19년의 경력, 그 노하우를 전달하고자 하는 마음, 단체급식 산업이 우리의 삶에 소중한 자리를 찾아갈 수 있도록 보탬이 될 수 있으면 하는 마음을 담아 본 도서를 편찬하게 되었다.

우리의 초심을 담은 이 책이 꼭 누군가에게는 도움이 되기를 바란다.

손호창

CONTENTS

제2부
실습

급식에서 한식 메뉴

제1부

이론

제1장 단체급식의 유래

1 고대 문명과 단체급식

1) 메소포타미아와 이집트

고대 문명 중 하나인 메소포타미아에서는 농업 기술이 발달하면서 곡물과 육류가 주요 식량으로 자리 잡았고, 사람들에게 대규모로 식량을 공급하는 체계가 발전했다. 특히 신전에서 제사 의식을 위해 다수의 인력에 음식을 제공하는 형태로 단체급식이 이루어졌다.

고대 이집트에서는 피라미드 건설과 같은 국가적인 대규모 공사 현장에서 노동자들에게 음식이 제공되었는데, 이는 국가 차원에서 계획된 조직적인 급식 체계였다. 이집트는 나일강 덕분에 농업이 번창했으며, 이를 기반으로 피라미드 건설에 참여한 노동자들에게 일정한 식량을 보급했다. 당시의 급식은 빵, 맥주, 채소와 같은 단순한 식단으로 구성되었다.

2) 고대 그리스와 로마

고대 그리스에서는 올림픽 경기나 종교적 축제와 같은 대규모 행사에서 단체급식이 필요했다. 이러한 행사에서는 많은 인원이 모였고, 주최 측은 참가자들에게 음식을 제공했다. 이는 오늘날 대규모 이벤트에서 이루어지는 급식과 유사한 형태였다.

고대 로마에서는 군사적 목적으로 조직된 단체급식 체계가 발전했다. 로마 군단병들에게는 일정량의 식량이 지급되었으며, 전쟁 중에도 안정적인 식량 공급을 유지하기 위해 공급 체계가 구축되었다. 군인들은 곡물(특히 밀), 올리브유, 고기, 와인 등을 받았으며, 이는 로마 제국의 강력한 군사력을 뒷받침하는 중요한 요소였다. 또한, 로마 시민을 위한 공공급식도 존재했는데, 특히 빈민층을 대상으로 한 무료 식량 배급이 있었다.

2 중세 단체급식의 발전

1) 수도원과 성에서의 단체급식

중세 유럽에서는 수도원과 성에서 공동체 생활이 중요해지면서, 이곳에서 단체급식이 필수적인 요소로 자리 잡았다. 수도원에서는 수도사들이 공동체 생활을 하며 함께 기도하고 노동한 후 정해진 시간에 공동 식사를 했다. 이러한 식사는 단순한 영양 공급 이상의 의미를 가지며, 종교적 의무로서의 성격도 있었다.

중세 유럽의 성에서는 군사적 방어 거점으로서 많은 병사와 거주민을 수용해야 했다. 성안에서는 모든 사람이 함께 모여 식사하는 대규모 급식이 이루어졌고, 이를 위해 자체적인 농업 생산과 식량 저장 시스템이 구축되었다.

2) 중세 대학의 기숙사 급식

중세 대학에서도 기숙사 생활을 하는 학생들에게 단체로 음식을 제공하는 급식 시스템이 존재했다. 대학은 당시 엘리트 교육 기관으로서 학생들에게 교육과 함께 식사를 제공했으며, 이는 공동체 생활의 일환이자 학문적 생활을 지속하기 위한 필수 요소였다.

3 산업혁명과 공장 급식의 도입

1) 공장 노동자 급식

18세기 후반부터 시작된 산업혁명은 단체급식의 필요성을 급격히 증가시켰다. 농촌에서 도시로 이동한 많은 사람이 공장에서 일하면서 식사를 해결해야 하는 상황이 발생했다. 초기에는 노동자들이 자신의 음식을 지참하거나 공장 근처에서 사 먹는 방식이 일반적이었으나, 장시간 노동과 도시화로 인해 점점 더 체계적인 급식이 필요해졌다.

19세기 영국을 중심으로 일부 공장에서는 노동자들에게 저렴하거나 무료로 점심을 제공하기 시작했다. 이는 노동자들의 건강을 유지하고, 피로 해소와 생산성 증진을 위해 중요했다. 또한, 노동조합과 사회 개혁가들의 노력으로 노동자들에게 질 좋은 음식을 제공해야 한다는 인식이 확대되었다.

2) 학교 급식의 탄생

산업혁명과 함께 빈곤층의 아이들이 영양 부족 상태에서 교육을 받는 것이 사회적 문제로 대두되자, 일부 국가에서는 학교에서 무료로 급식을 제공하는 제도를 도입했다. 이는 아동의 영양 상태를 개선하고 학업 능력을 높이기 위한 정책이었으며, 19세기 말부터 영국과 독일에서 시작되었다. 학교 급식은 이후 전 세계로 확산하였으며, 아동 복지의 중요한 요소로 자리 잡게 되었다.

4 _ 20세기와 군대 급식의 혁신

1) 제1차 및 제2차 세계대전

　제1차와 제2차 세계대전 동안 군대 급식은 단체급식 시스템의 획기적인 발전을 가져왔다. 전 세계에서 수백만 명의 병사들이 전투에 투입되면서, 그들에게 안정적으로 식량을 공급하는 것이 전쟁의 승패를 좌우하는 중요한 요소로 부각되었다.

　특히 제2차 세계대전에서는 저장하기 쉬운 통조림 식품, 건조식품, 인스턴트식품 등이 대거 개발되었으며, 이는 전투 지역에서 병사들이 쉽게 식사를 할 수 있도록 했다. 또한 전후 이러한 식품들은 민간 생활에도 도입되어 현대의 편리한 식품 산업 발전에 영향을 주었다.

2) 전후 복지 국가와 학교 급식의 확산

　전쟁 이후, 복지 국가 체제를 도입하면서 아동과 청소년의 영양 상태 개선을 위한 학교 급식 프로그램을 강화했다. 미국에서는 1946년부터 '전국 학교 급식 프로그램(National School Lunch Program)'을 통해 저소득층 아동들에게 무료 또는 저렴한 가격으로 급식을 제공하는 제도가 마련되었다. 일본도 패전 후 미국의 지원을 받아 학교 급식을 확대하였으며, 이는 아동 건강 개선과 교육 향상에 큰 역할을 했다.

5 _ 현대 단체급식: 영양, 위생, 지속 가능성

1) 영양과 건강 중시

　현대 단체급식은 과거에 비해 영양 균형과 건강 유지에 중점을 둔다. 특히 병원, 학교, 군대에서 제공되는 급식은 대상자의 건강 상태에 맞는 맞춤형 식단을 제공하며, 식품 알레르기, 채식주의자, 저염식 등 다양한 요구를 반영하는 형태로 발전했다.

2) 지속 가능한 단체급식

현대에는 환경 문제를 고려한 지속 가능한 단체급식이 중요한 이슈로 부상했다. 급식 업체들은 환경 보호를 위해 식재료의 생산 과정에서 탄소 배출량을 줄이기 위한 노력을 하고 있으며, 음식물 쓰레기를 최소화하는 방안도 모색하고 있다. 유기농 식품을 사용하거나, 지역에서 생산된 재료를 사용하는 것이 그 예다.

3) 자동화 및 기술 발전

21세기에는 기술의 발전으로 단체급식이 자동화되고 디지털화되었다. 사전 예약 시스템, 모바일 앱을 통한 메뉴 선택, 키오스크를 이용한 자동화된 결제 및 식사 제공 방식 등이 도입되면서 운영 효율성을 높이고 있다. 또한 AI를 활용해 식사 패턴을 분석하고, 건강 상태에 맞춘 맞춤형 식단을 제공하는 시스템도 개발되고 있다.

제2장 | 단체급식의 정의

1 단체급식의 정의

「식품위생법」 제2조에 의하면 "단체급식소란 비영리를 목적으로 하며 계속적이고 특정 다수인에게 음식물을 공급하는 기숙사 · 학교 · 병원, 기타 후생기관의 급식시설을 가리키는 것"으로 되어 있다.

하지만 환경적으로나 제도적인 변화에 따라 특히 1990년대부터 단체급식 시장에서 위탁급식의 점유율은 급속히 증가하는 상황이다. 즉, 급식 대상자의 영양적 요구에 맞는 양질의 식사를 제공함으로 급식의 만족도를 높이면서, 궁극적으로는 고객의 육체적 · 정신적 건강을 증진하고 생산성을 높이는 것에 그 목적이 있다.

이를 위해서는 급식 경영의 전문성이 요구된다. 따라서 전문적인 영양사의 식단 작성에서 위생, 영양, 서비스, 구매, 생산, 재무, 마케팅 등 급식의 전반에 걸쳐 전문성을 높여 왔다. 이를 통하여 고객의 욕구를 충족시키고 급식의 서비스 부문에 매진하고 있다.

급식의 시작은 중세기 왕실 및 종교적인 집단에서 행해졌으며, 우리나라에서는 사찰 승려들의 식생활에서 전해졌다. 우리나라의 근대적인 급식은 1953년에 외국에서 원조한 구호급식의 형태로 시작하여 학교 급식이 그 시작이고, 1958년에 국립중앙의료원에서 제일 먼저 영양과가 생기면서 환자들을 위한 병원 급식이 시행되었다. 산업체의 근로자들을 위한 급식소는 1960년대 초에 경성방직의 근로자 3,000명의 급식을 직영 방식으로 시작하였다.

1962년에는 식품위생법 제정과 영양사 면허제도가 명시되면서, 급식을 위하여 전문적인 영양사의 역할이 점차적으로 중요하게 인식되었으며, 2000년 1월 7일에 고시한 통계청 자료에는 한국표준 직업분류에서 영양사를 보건의료전문가 중에 영양전문가로 분류하면서 질병 치료 및 건강 증진을 목적으로 하며 영양의 기법 및 응용 등에 관하여 연구 및 개발을 하며, 전문적인 영양 서비스를 제공하고, 이에 관하여 조언하는 자로 정의하였다. 영양사는 급식 관리 영양사, 임상영양사, 상담 및 보건 영양사, 기타 영양사로 분류하고 있다.

최근에는 사회제도와 환경 변화에 있어 사업체, 병원, 학교 등에 외부의 위탁 급식이 확대하고 있는 상황으로, 특히 IMF로 인해 경영의 합리화와 효율성 극대화 차원에서 위탁 급식으로 돌리는 기업들이 많아지고 있다. 이에 급식의 운영은 기존의 운영방식을 탈피하여 급식의 매뉴얼화, 시스템화, 식재·물류의 체계 및 지원체계를 강화하여 식사의 품질 향상에 초점을 두고서 단순히 식사만 배급하는 것이 아닌, 고객의 필요에 따른 양질의 식사와 서비스 제공에 더욱더 초점을 두는 경영방식으로 변화하게 되었다.

그리고 급식은 어느 특정인의 많은 고객을 대상으로 할 때는 단체급식 또는 집단급식이라고 부르며, 제공하는 장소, 집단에 따라 학교·병원·공장·기숙사·사회복지시설·군대·산업체 급식 등으로 나누고 급식의 전반적인 내용도 서로 차이가 난다.

• 급식산업(foodservice industry)이란?

가정이 아닌 장소에서 상업적 또는 비상업적의 목적을 두고서 고객들에게 제공하는 음식을 외식과 단체급식을 포괄하는 업체들로서 구성하는 산업을 말한다.

• 단체급식 산업(Group catering industry)이란?

조직을 이루고 있는 특정 다수인에게 지속적으로 급식을 제공하기 위해 만들어진 업체로 구성된 산업을 의미한다.

• 외식산업(commercial foodservice industry)이란?

일반인을 대상으로 하여 상업적으로 음식을 제공하는 업체들로 구성된 산업을 말한다.

2 단체급식의 주요 특징

1) 규모와 대상

단체급식은 특정 그룹이나 공동체를 대상으로 대규모로 식사를 제공하는 것이 특징이다. 대상은 학생, 군인, 환자, 근로자 등 집단으로 생활하거나 활동하는 인원들이다. 이러한 집단들은 대부분 규칙적인 시간에 일정한 장소에서 식사하며, 단체급식은 그들의 영양 공급을 관리하는 주요 시스템이다.

2) 조직적 제공

단체급식은 개별 식사 준비와 달리 체계적인 방식으로 운영된다. 식단을 계획하는 단계, 식재료를 구매하여 조리, 배식, 위생 관리, 비용 관리 등이 모두 조직적으로 관리된다는 의미다. 이를 위해 다양한 관리 시스템과 규정, 인력, 장비가 필요하다.

3) 영양 관리

단체급식은 다수의 사람에게 균형 잡힌 식단을 제공해야 하므로, 영양학적 기준이 중요하게 고려된다. 특히 학교, 병원, 요양시설 등에서는 대상자의 연령, 건강 상태, 활동량에 따라 맞춤형 식단이 제공된다. 이는 개인의 영양 상태와 건강을 유지, 개선하는 데 중요한 역할을 한다.

4) 위생 및 안전 관리

다수의 인원에게 식사를 제공하는 만큼, 위생 관리와 식품 안전이 매우 중요하다. 식재료의 보관, 조리 과정에서의 청결 유지, 식중독 예방, 식품 알레르기 관리는 단체급식의 필수 요소다. 식품위생법, HACCP(위해요소중점관리기준) 등의 위생 관리기준을 준수해야 하며, 정기적인 검사를 통해 안전을 확보한다.

5) 효율성과 경제성

단체급식은 대량으로 음식을 준비하기 때문에, 효율적인 식재료 구매 및 관리, 조리 과정에서의 비용 절감이 가능하다. 이를 통해 개인이 식사를 준비하는 것보다 저렴한 비용으로 식사를 제공하기 쉬우며, 특히 기업이나 공장에서는 직원들의 복지 차원에서 저렴한 가격에 급식을 제공하는 경우가 많다.

6) 사회적 역할

단체급식은 단순히 식사를 제공하는 것 이상의 사회적 역할을 한다. 학교 급식의 경우 학생들의 건강과 발달을 지원하고, 저소득층 가정의 아동에게는 영양 결핍을 예방하는 중요한 복지 제도로 기능한다. 병원에서는 환자의 회복을 도우며, 군대에서는 군인의 전투력 유지에 필수적이다.

제3장 | 단체급식의 유형

1 학교 급식

학교 급식의 배경은 성장이 왕성한 발육기의 학생에게 요구되는 영양을 공급하기 위한 것이며, 그 결과로 아동들의 학습효과를 향상하여 우수한 인재를 양성하는 데 그 의의가 있다. 성장기에 정립된 식습관은 평생을 좌우하므로 학교 급식을 통하여 올바른 식습관 형성은 국가적 차원에서도 국민을 위한 식품 정책 수립에 진정한 배경이 된다.

1) 세계 각국 학교 급식의 유래

학교의 급식 시작은 1790년도에 독일의 뮌헨에서 불우한 가정의 아동들을 도울 목적으로 "수프식당"을 오픈한 것이며, 이후 유럽 전역으로 전파되었다. 1800~1850년 사이에는 프랑스, 영국, 노르웨이 등에서 어려운 가정의 아동을 도울 목적으로 자선단체나 독지가에 의해서 이루어졌고, 1860~1900년대에는 핀란드(1889), 스위스(1903), 이탈리아(1925), 미국(1938), 폴란드(1945), 인도(1946)에서 외원(外援)단체나 국고의 보조로 학교 급식이 급속도로 발전했다.

나라별로 학교 급식의 기원을 살펴보면 대부분이 빈곤한 가정의 아이들에게 급식을 주기 위한 목적으로 자선단체에서 처음으로 시작했다가 이후부터는 정부 또는 중앙정부에서 급식의 법을 제정하여 시작하였다. 국가 차원의 학교급식법은 영국은 1944년에 미국은 1946년에 제정되었다. 그리고 10년 이후인 1953년에 우리나라가 제정하였고 이듬해인 1954년에 일본이 학교급식법을 제정하였다.

영국은 1864년에 자선사업 차원에서 '빈곤 자녀 급식회'를 설립하여 급식을 처음 시작했다. 이후에는 전쟁 중 장병들의 영양상태가 불량하여 전쟁을 감당하기 어렵다는 왕립위원회의 보고서에 따라 1906년에 급식법이 제정되었고 1944년에는 학교급식법으로 제정하였다.

미국의 급식법 제정 배경은 다른 양상을 보인다. 1938년에 미국은 남은 농산물을 효과적으로 소비하기 위하여 가정형편이 어려운 아동들에게 무상 급식을 시작하였다. 그 이후 1946년에는 학교급식 연방급식법이 제정되었고 연방급식법 2조에는 다음과 같이 기록되어 있다. "국가 안전보장의 일환으로 아동의 건강과 복지를 향상하고 영양이 풍부한 농산물과 기타 식품의 국내소비를 촉진하기 위하여 비영리 목적으로 학교급식사업의 개발, 유지, 운영 및 확충에 있어서 각주에 대한 국고 보조를 강구한다."

일본은 1889년에 사립학교에서 불교의 여러 종파의 지원으로 빈곤 아동의 구호 급식으로 시작되었고 제2차 세계대전에서 패망한 후 World Food Program의 지원으로 1946년에 아동의 건강을 위한 영양급식이 본격적으로 시작되었다. 이후 1954년에는 국가적 차원의 학교급식법이 제정됨에 따라, 학교 급식의 정의와 목표가 분명하게 공표됨으로써 전국적으로 학교 급식이 급속하게 확산하고, 발전하였으며 세계적으로 현재 우수한 학교급식 제도를 확립되었다.

그러나 인도는 국가적 차원에서 급식법을 제정하지 않은 특이한 사례다. 카멜주 정부가 결식아동에게 점심을 제공하는 것이 교육의 효과를 극대화하는 방안이라고 판단하여 1946년에 처음으로 급식을 시작하였다. 인도는 현재까지도 주 정부에서 급식위원회를 조직하여 국민의 협력하에 학교급식을 운영하고 있다.

이처럼 학교 급식은 처음 시작이 결식아동이나 어려운 빈곤계층 자녀들을 위한 구호 급식으로 시작하였으며, 그 이후에는 국민의 건강과 연결되면서 국가 차원의 법이 제정되었고 국가나 중앙정부의 지원으로 학교 급식이 이루어지고 있다.

2) 우리나라 학교 급식의 유래

우리나라의 학교 급식은 6·25전쟁 이후인 1953년, 아동을 구호하기 위하여 미국 경제 협조처(USAID)와 국제연합아동기금(UNICEF) 등의 외국 원조기관에 의해 처음 시작되었고, 외국 원조기관에 의한 무상 급식은 초등학교 전체 학생을 대상으로 1972년까지 20년간 이어져 왔으며 주로 빵을 급식하였다.

이후 1973년부터는 한국 정부와 학부모들의 부담하에 인원은 줄어들었으나 빵 급식이 주를 이루었으며, 농어촌지역의 일부 학교는 학교 내 자체 생산활동을 통하여 자활급식을 진행하였다.

1980~1990년대에는 우리나라의 경제, 사회, 문화가 선진국형으로 변화면서 소가족화 되고 여성의 사회참여가 많아짐에 따라 과거에 주부의 역할이었던 가족들의 식사나 도시락 준비 등이 부담으로 이어져, 영양 부족보다는 올바르지 못한 식생활과 영양의 불균형으로 인한 건강문제가 제기되었다. 이러한 시대적인 변화와 새로운 요구에 따라서 1981년에 「학교급식법」과 「학교급식시행령」을 제정하였고, 1993년부터 초등학교 급식이 크게 확대되었으며, 전국적으로는 1998년부터 초등학교에서 학교 급식을 실시하였다.

학교급식의 목적은 한창 성장하는 학생들에게 필요한 균형 있는 영양을 공급하여 마음적으로 건전한 발달을 형성하고, 가정에서 편식하는 학생들에게 올바른 식습관을 형성하는 데 있다. 그리고 봉사정신과 협동심, 질서의식 등 단체의식의 함양에 힘쓰고 건강하고 건전한 문화를 육성하고 앞으로 나아가 국민의 식생활 개선과 국가의 식량정책 등에 기여하는 데 있다.

현재 우리나라 학교 급식의 유형을 보면 도시형 급식학교, 농어촌형 급식학교, 도서 벽지형 급식학교로 구분하며 학교 급식의 대상은 특수학교, 의무교육 대상학교, 산업체 부설 학교 및 근로 청소년을 위한 특별학교, 급식학교 병설유치원과 중·고등학교 등이 있다.

학교 급식은 주중의 수업 일자의 점심식사 시간에 영양을 고려하여 주식, 부식을 모두 제공하고 2부제 수업 및 다른 부득이한 사유가 있을 시에는 학교의 장이 학교급식위원회나 학교운영위원회의 심의를 거쳐서 급식의 횟수 및 영양의 기준, 시간 등을 정할 수 있다.

학교 급식으로 제공되는 식품은 학교 급식을 실시하는 학교의 급식시설 또는 공동급식

시설의 조리실 내에서 조리하여 제공하여야 한다. 다만 부득이한 경우와 우유나 청과류 등 학교급식시설의 조리실에서 조리하기에 부적당한 식품은 교육감·교육장 및 학교의 장이 학교운영위원회의 심의를 거쳐 이를 완제품으로 제공할 수 있다.

국가와 지방자치단체는 영양교육을 통한 식습관의 개선과 학교 급식의 원활한 수행을 위하여 필요한 시책을 강구하여야 한다. 학교 급식은 학교 교육 차원으로 운영된다. 따라서 학생의 발육과 건강에 필요한 영양을 충족할 수 있는 식품으로 구성하여야 하며, 급식의 관리에 있어서도 안전과 위생에 중점을 두어야 하고 영양과 관리기준은 대통령령으로 정하도록 되어 있다.

학교 급식을 위한 시설·설비를 갖춘 학교 급식시설과 학교 급식 공급업자는 대통령령으로 정하는 일정한 자격을 가진 학교 급식 전담직원을 두어야 하며, 교육감 및 교육장은 학교 급식에 관한 업무를 전담하는, 영양에 관한 전문지식이 있는 직원을 둘 수 있다.

학교 급식에 관한 모든 중요한 사항은 특별시·광역시·도교육위원회와 시·군 교육장 및 학교 급식 실시학교에 학교급식위원회를 두고 있다. 학교 급식위원회의 기능은 학교 급식의 운영 방침의 수립과 학교의 급식품 조달에 관한 사항, 급식 학교의 지정신청, 지방자치단체의 학교 급식 경비지원, 학교의 급식 전반에 따른 관련 기관과의 협조 및 기타 학교 급식에 따른 사항을 심의 의결한다.

하지만 개정법에서 학교운영위원회가 구성된 학교에서는 학교급식위원회를 둘 수가 없도록 하며, 학교급식 운영에 관한 모든 중요 사항을 학교운영위원회에서 심의하도록 하고 있다.

학교 급식의 효율적인 실시와 필요한 경비의 조달 등을 위하여 학교 급식 대상학교에 학교 급식을 지원하고자 하는 학부모와 법인·단체 또는 개인으로 학교급식후원회를 구성하도록 되어 있다. 그러나 2006년 학교급식법이 전면 개정되어 학교급식후원회 제도가 완전히 폐지되어 학부모가 학교 급식에 지출하는 경비 부담을 덜게 되었다.

학부모들은 처음에는 급식비를 부담하였으나, 농어촌 지역, 도서 벽지의 초등학교, 경비의 부담능력이 없다고 인정되는 학부모의 경비는 국가나 지방자치단체가 지원토록 하고 있다.

중학교 급식은 1999년도에는 30.3%의 정도가 중학교에서 실시하고 있었으나 2000년대 이후부터 학교 급식 수요가 급증하였으며, 1998년도부터 추진한 고등학교에서의 급식도 역시 2002년까지 증가 추세로 보였다. 2003년을 시작으로 삼아 학교 급식이 초·중·고로 전면 확대되었다.

2 병원 급식

병원 급식은 병원에서 환자의 영양 병리(病理)에 따른 환자식과 병원 종사자를 대상으로 하는 일반 급식으로 분류하며, 보통 병원 급식이라고 하면 입원환자들의 급식을 말한다.

병원 급식의 의의는 치료의 한 부분으로, 환자의 치료과정에서 식이요법으로서 물리요법 또는 약물 만큼이나 큰 비중을 차지한다. 따라서 병원 급식은 해당 의료기관에서 직영 급식을 하여야 하지만 상황에 따라 제3자에게 위탁하여 운영할 수 있으며 이에 대한 책임은 의료기관이 져야 한다. 그리고 급식업무는 영양사가 원칙적으로 담당하여야 하나, 규모가 작은 시설에서는 영양사가 없이 의사가 급식의 지도와 관리의 책임을 지기도 한다.

한국의 병원에서는 환자의 영양 병리(病理)에 의한 식욕·영향·소화흡수·기호 등의 상태 등을 고려하여 환자의 식이를 지시하고, 영양사는 이 지시 사항에 맞는 식단을 작성하고 식품을 구매 및 조리하여 급식하는 과정을 관리하여 급식한다.

병원 급식의 기본은 식사의 형태에 따라 보통식(부드러운 밥과 부식), 유동식(건더기는 없지만, 수분이 많은 음식물), 연식(죽과 소화흡수가 쉬운 부식)과 병의 종류에 따라 특별식으로 구분된다. 유동식이나 연식은 보통식에 비해 영양소의 함량이 묽어지기 쉽다. 따라서 환자의 유동식·연식을 1주일 이상 급식할 때에는 결핍되기 쉬운 비타민을 반드시 보충해야 한다. 특별식 식단은 의사가 내린 식사 처방에 따라 신중히 작성해야 한다.

1) 보통식

대부분 병원 급식에서는 입원환자들에 대해 보통식을 제공하고 있으며, 상식(常食) 또는 고형식(固形食)이라고 부른다. 내용으로서는 1일 1인당 단백질 70g, 지방 50~60g, 당질

300~350g 정도로 2,000~2,400kcal의 섭취량이다.

보통식의 구성은 환자 개인의 영양필요량을 충족하기 위해 어느 식품군에서 얼마만큼 섭취하는지 나타낸 것이다. 본디 입원환자 개인의 성별, 연령, 생활 활동의 강도에 따라 적용하는 것이 이상적이다. 하지만 대부분 병원에서는 평균 식품의 구성표를 만들어서 전체적으로 식단을 짜고 있다.

2) 반유동식(연식)

연식(軟食)이라고도 한다. 연식은 주식이 죽으로 하고 부식으로서는 생선, 달걀, 두부, 부드럽게 녹색 채소를 찌거나 과일 등의 소화가 쉬운 재료들을 사용한다.

3) 유동식

유동식은 씹지 않고 바로 삼킬 수 있는 것으로, 소화가 잘되고, 잔재가 적은 식사, 극악기, 질병의 급성기 등에 식욕의 저하, 발열, 소화·흡수능력이 떨어질 때, 치아 쪽이나 구강 내의 이상으로 씹는 것이 힘들 때와 소화기의 수술 이후에 많이 이용된다. 유동식에는 미음, 각종 수프류, 두유, 우유, 과즙, 갈분죽(칡가루에 설탕과 뜨거운 물을 부어서 푼 죽)이 있으며, 아이스크림, 셔벗 등과 같이 고형이더라도 구강 내에서 부드럽게 유동물이 되는 것은 식단에 포함한다.

3 산업체 급식

산업체 근로자를 대상으로 한 집단급식으로 공장·기숙사·직원 급식 등이 포함된다. 근무하는 종업원의 건강을 유지하고 증진하기 위하여 기업 내의 생산성과 능률 향상에 도움이 되는 것이 목적이다. 급식은 경제성과 편리성만을 위하는 경향이 있지만, 본디는 직업에 기인하는 질병 대책이나 만성 퇴행성 질환(성인병) 등을 포함하는 건강관리, 종업원의 휴게, 복리 후생적으로도 중요하게 차지하고 있다. 산업급식의 급식대상은 성별, 연령차, 노동의 강도 등에 따라 많은 차이가 있고, 고객사 측의 급식에 대한 자세, 입지조건, 근로 상황 등에 따라 차이가 있다.

특수한 작업환경에 따라 직업병을 유발하기 쉬운 근무를 하는 사람들에 대해 조건에 맞는 색다른 급식방법을 생각해야 한다. 어떤 경우라도 좋은 급식은 급식대상자의 건강과 고객사의 생산성 향상에 많은 도움이 될 수 있다.

산업체 급식을 운영하는 방법에는 직영급식, 준직영 급식(소비조합 운영), 위탁급식 등이 있다.

직영급식은 회사 자체적으로 실시하는 것으로서, 많은 자본과 시설 그리고 인원이 필요하지만, 실질적이고 싼값으로 급식을 제공할 수 있으므로 산업체 급식 본디의 목적을 달성하는 방법으로는 이상적이다.

준직영 급식은 급식소 시설의 설치자와 그 시설 내의 이용자, 즉 회사와 종업원 간의 조합을 만들어서 그 조합에서 직접 운영하는 방법이다. 운영에서는 사측의 경리업무와 상관없으며, 식당의 경영 내용을 공개하여 피급식자에게도 신뢰감을 줄 수 있다.

위탁급식은 회사에 여분의 시설이 없거나 직영급식의 업무 복잡함을 줄이고, 전체 직원 수가 적어 급식소 시설을 갖출 필요가 없는 곳에서 다른 사람에게 급식을 협조하는 방법이다.

급식관리에서 식단은 가장 중요한 역할을 하므로 경제, 영양, 작업, 조리, 급식 지도 측면 등을 충분히 헤아려 작성한다. 식단표의 주기는 보통 2주 정도로 정하되 같은 요일에 똑같은 메뉴가 제공되지 않도록 변화를 줄 수 있도록 한다.

식단을 구성할 때는 '한국인의 영양 권장량'에 맞도록 식품의 구성 기준을 자료화하면 편리하다. 이 데이터를 기초로 하여 지역과 대상, 급식시설, 급식비 등의 조건에 맞는 식품의 구성을 정리하여 응용한다.

열량의 필요량은 노동강도와 직접적인 관계가 있다. 따라서 학교 급식이나 양로원 급식 등과 같이 노동에 차이가 없는 경우는 큰 문제가 제시되지 않지만, 산업체 급식처럼 노동의 차이가 많은 경우에는 노동의 강도를 참고하여 열량의 공급량을 조절해 주어야 한다. 이런 상황에는 '활동별 에너지 권장량'을 참고하여 계산한다.

1) 산업체 급식의 유래

고대 이집트에서 피라미드와 같은 기념물을 위해 노동자가 고용된 이후부터 작업장에서 작업하는 고용인에게 음식을 제공하는 것은 필수적이었을 것이다. 17세기 말 영국에서 시작한 산업혁명은 유럽과 미국 등으로 급속하게 퍼져가면서 사회와 경제 제도에 많은 변화를 가져왔다. 산업체 급식의 발달은 이 산업혁명과 더불어 발달 되어 왔다. 1800년대 초기 영국의 기업가인 오웬(Robert Owen)이 운영하는 공장에서 직원들을 위하여 음식을 급식하는 식당을 준비한 것이 산업체 급식의 맨 처음이라고 할 수 있다.

제2차 세계대전 이후 공장 내 경영인들이 균형 있는 음식을 제공하고 직원의 건강과 작업에 능률을 올리는 것은 물론이고 생산성 향상에 영향을 준다는 것을 판단하기 시작하면서 산업체 급식의 중요성이 각인되었다. 마찬가지로 1970년대 이후부터는 사무실에 근무하는 직원을 대상으로 산업체의 급식이 새롭게 많이 생겨났다.

우리나라도 섬유 공장과 더불어 산업체 급식이 발달하게 되었는데 1966년에 태창 방직외 섬유 공장에서 영양사를 채용하기를 시작하였고 1967년부터는 1회에 50인 이상에게 식사를 제공하는 집단 급식소에서는 영양사를 채용할 것을 의무화했다. 1980년 이후부터는 외식산업이 급격하게 발달하고 기업의 후생복지의 정책에도 힘을 입어 산업체 급식의 대규모로 최적의 주방시설을 갖추고 그 범위도 공장급식뿐 아니라 사무실, 연구소, 연수원, 관공서, 금융기관, 호텔 등으로 넓혀져 단체급식의 시장에서 가장 큰 규모를 차지하고 산업체 급식의 고객도 사회적·문화적으로 성숙해짐에 따라 그 기대 가치가 높아지므로 급식에 대한 요구가 고급화·다양화되고 있어 전문적인 메뉴 개발과 다양한 이벤트가 강조되고 있다.

2) 산업체 급식의 특성

(1) 대상이 다양하다

산업체 급식은 연령대가 비슷한 학생을 대상으로 하는 학교 급식과 질환이 있는 환자를 대상으로 하는 병원 급식에 견주어 보면 그 대상이 아주 다양하다고 할 수 있다. 산업체

급식 대상자는 공장 근로자와 사무실 근로자 등의 근로환경과 성별, 연령 등에 차이가 크므로 기호나 식습관 역시 정해 놓기는 쉽지 않다.

(2) 산업체에 따라 경영관리법과 급식비의 차이가 크다

산업체에서 급식소를 운영할 때는 보통 사내자체 내에서 직접적인 부서를 두고서 운영하는 직영급식과 위탁을 맡겨 전문적으로 급식을 운영하는 기관이나 다른 기업에 의뢰하는 위탁급식이 있다.

구매과정이나 발주 등이 거의 소량으로 이뤄지는 직영급식은 비용 절감의 한계로 인하여 급식의 경비가 비교적 올라가며 반대로 위탁은 식자재를 대량으로 구매하여 원가를 절감할 수 있으므로 경비를 줄일 수 있다.

(3) 산업체의 특성에 따라 영양의 요구량이 다르다

생산직 근로자는 사무직 근로자에 비해 노동으로 열량 소비가 많아 영양의 요구량도 많을 것이며, 생산직 중에서도 산업체의 특성에 차이가 있어 업무량에 따라 영양의 요구량도 다르게 정해진다.

4 _ 군대 급식

군인들에게 제공되는 급식으로, 체력 유지와 전투력 강화를 위해 고열량, 고단백 식단이 제공된다. 군대 급식은 전시와 평시 모두에서 매우 중요한 역할을 하며, 전시에는 이동 중이나 야외에서 먹을 수 있는 간편식이나 전투식량이 제공되기도 한다.

5 교도소, 공공기관 급식

　교도소, 공공기관, 기숙사 등에서 생활하는 사람들에게 제공되는 급식이다. 교도소에서는 수감자들에게 일정한 기준에 맞춘 식사를 제공하며, 공공기관에서는 공무원이나 시설을 이용하는 사람들에게 급식을 제공한다.

제4장 단체급식의 운영 방식

1 직영급식

직영급식은 기업, 학교, 병원, 군대 등 다양한 조직에서 식사를 제공할 때, 해당 조직이 직접 급식 운영을 관리하는 방식을 의미한다. 외부 급식 업체에 맡기는 대신 조직이 급식 시설, 인력, 식재료 구입 등을 직접 관리하고 운영하는 것이 직영급식의 핵심이다. 직영급식은 급식 품질을 직접적으로 통제할 수 있다는 장점이 있지만, 운영과 관리에 많은 자원이 소요되기도 한다.

1) 직영급식의 주요 특징

직영급식에서는 급식 운영의 모든 과정을 조직이 직접 관리한다. 식단을 계획하고 식재료를 구매, 조리를 통한 배식, 설비 관리, 인력 관리 등이 모두 자체적으로 이루어진다. 이를 통해 급식의 품질, 위생 상태, 영양 균형을 직접 통제할 수 있다.

(1) 인력 운영

직영급식에서는 요리사, 영양사, 배식 인력, 위생 관리 인력 등 급식과 관련된 모든 인력을 조직이 직접 고용하고 관리한다. 인력 운영은 급식 품질에 직접적인 영향을 미치며, 내부 인력 교육 및 관리 체계를 통해 급식 수준을 유지한다.

(2) 영양사

영양사는 직영급식에서 조직 구성원의 연령, 건강 상태, 활동량에 맞춰 균형 잡힌 식단을 계획한다. 예를 들어, 학교에서는 학생의 성장에 필요한 영양소를 고려하고, 병원에서는 환자의 건강 상태에 맞춘 치료식을 제공한다. 영양사는 식단을 직접 관리하기 때문에, 외부 업체와 협의 없이 조직 내부의 필요에 맞는 맞춤형 식단을 구성할 수 있다.

(3) 식재료 구매 및 관리

직영급식은 조직이 직접 식재료를 구매하고 관리한다. 이를 통해 식재료의 신선도, 품질, 원산지를 철저히 관리할 수 있으며, 조직의 요구에 맞는 식재료를 선택할 수 있다. 대량 구매를 통하여 비용을 줄일 수 있으며, 로컬 식재료나 유기농 제품을 사용해 급식의 질을 높이는 것도 가능하다.

(4) 급식 품질 관리

급식의 맛, 영양, 위생 상태는 조직이 직접 관리하는 만큼, 품질을 높일 기회가 많다. 외부 업체를 거치지 않고 내부에서 모든 과정을 통제할 수 있으므로, 문제 발생 시 신속하게 대응할 수 있다. 또한, 구성원들의 피드백을 즉시 반영해 급식 서비스를 개선할 수 있다.

(5) 비용 효율성

직영급식은 초기 투자 비용이 크지만, 장기적으로는 비용 효율성이 높을 수 있다. 식재료를 대량으로 구매하거나 조리 과정에서의 효율을 극대화함으로써 비용을 절감할 수 있으며, 외부 업체에 지불하는 위탁 수수료가 없어 비용 절감이 가능하다.

(6) 조직 문화와의 일체감

직영급식은 조직 내에서 운영되기 때문에 조직의 문화나 가치관을 반영한 급식을 운영할 수 있다.. 예를 들어, 친환경 경영을 추구하는 회사는 직영급식에서 친환경 식재료를 사용하거나 음식물 쓰레기를 줄이는 방식을 도입할 수 있다. 또한, 급식을 통해 조직 내

커뮤니케이션과 일체감을 강화할 수 있다.

2) 직영급식의 장점

(1) 급식 품질과 위생 관리 강화

직영급식은 조직이 직접 급식의 품질과 위생을 관리하기 때문에, 외부 업체에 비해 품질 관리가 엄격하게 이루어질 수 있다. 문제가 발생했을 때 대응 속도가 빠른 장점도 있다. 조직 내부의 인력과 자원을 통해 직접 관리하므로, 급식의 위생, 안전, 품질 수준을 일관되게 유지할 수 있다.

(2) 영양 및 맞춤형 식단 제공

직영급식은 조직의 특성과 구성원의 요구에 맞춘 맞춤형 식단을 제공하는 데 유리한다. 외부 급식업체는 여러 조직을 동시에 관리하기 때문에, 특정 조직의 요구에 맞춘 급식을 제공하기 어려울 수 있지만, 직영급식은 구성원의 필요를 직접 반영하여 식단을 구성할 수 있다. 예를 들어, 특정 질환이 있는 환자나 학생, 직원에게 맞춤형 식단을 제공할 수 있다.

(3) 비용 절감

초기에는 시설 구축과 인력 운영 비용이 많이 들 수 있지만, 장기적으로는 외부 급식업체의 수수료나 이윤을 고려하지 않기 때문에 비용을 절감할 수 있다. 또한, 대량 구매를 통해 식재료비를 절감할 수 있으며, 잉여 식재료를 효율적으로 활용할 수 있다.

(4) 조직 통제력 강화

직영급식은 급식 운영에 대한 완전한 통제권을 조직이 갖는다. 이는 급식 품질, 운영 방식, 비용 등을 조직의 전략에 맞게 조정할 수 있는 장점이 있다. 또한, 조직의 가치를 반영한 급식을 운영할 수 있으며, 예를 들어 친환경적 경영을 실천할 수 있다.

(5) 유연한 운영 방식

외부 위탁 급식과 달리, 직영급식은 조직 내에서 급식 관련 변동 사항이나 요구에 대해 신속하고 유연하게 대처할 수 있다. 메뉴 변경, 배식시간 조정, 특별 이벤트나 연회 등 조직의 필요에 맞춘 변동이 쉽게 이루어진다.

3) 직영급식의 단점

(1) 초기 투자 비용 부담

직영급식은 급식 시설을 구축하고 인력을 직접 고용하기 때문에 초기 투자 비용이 크다. 특히 대규모 조직일 경우, 급식 시설, 조리 장비, 인력 고용 등에서 상당한 자금이 필요하다.

(2) 운영 및 관리의 복잡성

급식 운영 전반을 직접 관리해야 하기 때문에, 운영의 복잡성이 높다. 인력 관리, 식재료 구매, 위생 관리, 시설 유지 보수 등 여러 가지 측면에서 관리 부담이 크며, 전문 인력이 필요하다.

(3) 위기 상황에 대한 대응 어려움

직영급식은 내부 인력과 자원을 사용하기 때문에, 갑작스러운 인력 부족이나 식재료 공급 문제에 대한 대응능력이 떨어질 수 있으며, 외부 위탁업체는 여러 공급망을 통해 대체 자원을 신속히 확보할 수 있지만, 직영급식은 자체적인 네트워크를 운영해야 하므로 대체 자원 확보가 어려울 수 있다.

(4) 경쟁력 있는 급식 품질 유지의 어려움

직영급식은 급식 운영을 지속적으로 개선하고 혁신해야 하는 부담이 있다. 외부 급식 업체는 다양한 조직에서 급식을 운영하며 최신 기술이나 트렌드를 반영한 급식 서비스를 제공할 수 있지만, 직영급식은 이러한 외부 자극이 부족할 수 있다.

2 위탁급식

위탁급식은 단체 급식의 한 형태로, 조직이 급식 운영을 외부 전문 급식업체에 맡기는 방식이다. 학교, 병원, 기업, 군대 등의 기관이 직접 급식을 관리하지 않고, 전문 급식 업체와 계약을 맺어 급식 제공을 위탁하는 것이다. 이를 통해 급식 운영의 효율성을 높이고, 조직 내부에서의 관리 부담을 줄이는 것이 주요 목적이다.

1) 위탁급식의 주요 특징

(1) 외부 전문 업체에 운영 위임

위탁급식은 조직이 급식 운영을 외부 급식 전문 업체에 위임하는 방식이다. 급식 업체는 계약에 따라 식단을 계획하고 식재료를 구매, 조리 후 배식, 위생 관리, 인력 운영 등 급식 전반의 과정을 담당하게 된다. 이를 통해 조직은 급식 관련 관리 업무에서 벗어나 핵심 업무에 집중할 수 있다.

(2) 전문성 강화

급식 업체는 급식 운영에 특화된 전문성을 갖추고 있으며, 높은 품질과 다양한 서비스를 제공할 수 있다. 전문 영양사, 조리사, 위생 관리 인력 등을 보유한 업체는 다양한 고객의 요구에 맞춰 맞춤형 급식을 제공하며, 최신 트렌드나 기술을 반영한 서비스를 구현할 수 있다.

(3) 계약 기반 운영

위탁급식은 조직과 급식 업체 간 계약에 기반한 운영 방식이다. 계약을 통해 급식 품질,

위생 기준, 서비스 범위, 비용 등을 명시하고, 정기적으로 평가나 조정을 통해 급식 품질을 유지한다. 계약 내용에 따라 급식 제공 시간, 메뉴 구성, 특별 요구사항 등이 구체적으로 정의되며, 서비스의 투명성과 책임성을 강화할 수 있다.

(4) 비용 절감

위탁급식은 대규모 급식 운영을 전문 업체가 담당하기 때문에, 대량 구매와 효율적인 인력 운영을 통해 비용 절감이 가능하다. 조직 입장에서는 급식 시설 투자나 인력 관리 부담이 줄어들며, 급식 업체는 여러 기관을 대상으로 급식을 제공함으로써 규모의 경제를 실현할 수 있다. 또한, 급식 업체가 식자재를 일괄 구매하고 관리하므로, 식재료비와 운영비를 절감할 수 있다.

(5) 유연한 서비스 제공

위탁급식은 급식 업체의 전문성을 바탕으로 조직의 요구에 맞춘 유연한 서비스를 제공한다. 예를 들어, 특정 기념일이나 행사에 맞춘 특별 메뉴, 건강 상태에 따른 맞춤형 식단 제공, 계절별 메뉴 변화 등을 쉽게 반영할 수 있다. 조직의 필요에 따라 서비스 규모나 종류를 조정할 수 있으며, 급식 업체는 빠르게 대응할 수 있는 유연성을 가지고 있다.

2) 위탁급식의 장점

(1) 운영 효율성 향상

위탁급식은 조직이 급식 운영에 직접 관여하지 않으므로 급식 관련 운영의 복잡성을 줄일 수 있다. 외부 업체가 모든 급식 과정을 관리하기 때문에, 조직 내부의 인력 자원을 절감하고 관리 부담을 최소화할 수 있다. 이를 통해 조직은 급식 운영 외의 핵심 업무에 더 집중할 수 있다.

(2) 급식 품질과 다양성 개선

급식 전문 업체는 최신 급식 트렌드와 기술을 반영한 메뉴를 제공할 수 있다. 전문 영양사와 요리사가 다양한 고객의 요구에 맞춰 메뉴를 개발하고, 영양소를 고려한 균형 잡힌 식단을 제공한다. 또한, 계절별 특산물이나 지역 특산물을 활용한 메뉴, 웰빙 트렌드를 반영한 건강식 등 다양한 메뉴 구성을 통해 급식의 질을 높일 수 있다.

(3) 위생 및 안전 관리 강화

급식 전문 업체는 식품 안전과 위생 관리에 특화된 절차와 시스템을 갖추고 있다. HACCP(위해요소 중점관리기준) 등의 국제적 식품안전 관리기준을 준수하며, 정기적인 위생 점검을 통해 식재료 관리와 조리 과정의 청결을 유지한다. 이를 통해 식중독 예방과 같은 식품안전 문제를 효과적으로 관리할 수 있다.

(4) 비용 절감과 예측 가능성

위탁급식은 비용 관리 측면에서도 유리하다. 외부 업체가 대규모로 운영하기 때문에 식재료 대량 구매로 비용을 줄일 수 있으며, 인건비와 운영비를 효율적으로 관리할 수 있다. 또한, 계약에 따른 고정 비용 구조를 갖추고 있어, 예산을 예측하고 관리하기 쉬워진다.

(5) 맞춤형 서비스 제공

급식 업체는 고객의 요구에 맞는 맞춤형의 서비스를 제공한다. 예를 들어, 특정 연령대나 건강 상태에 맞춘 특수 식단을 제공할 수 있으며, 다문화 급식, 비건 식단, 저염식이나 저당식 등 건강 요구에 부합하는 메뉴를 구성할 수 있다. 또한, 기업 문화나 학교 교육 목표에 맞는 급식 프로그램을 운영할 수 있다.

(6) 위기 관리 및 대체 가능성

급식 업체는 다수의 기관을 대상으로 서비스를 제공하므로, 식재료 공급 문제나 인력 부족 상황에서 대응이 빠르다. 위기 상황에서도 대체 자원을 확보하거나 인력을 재배치할 수 있는 유연성이 높다.

3) 위탁급식의 단점

(1) 서비스 품질 통제 어려움

급식 운영을 외부 업체에 맡기기 때문에, 조직이 급식 품질을 직접 통제하기 어렵다. 계약을 통해 품질 기준을 명시할 수 있지만, 실제 급식 현장에서의 품질 관리나 서비스 제공 측면에서 조직의 통제력이 약할 수 있다. 따라서 정기적인 평가와 감시가 필요하다.

(2) 조직 특성 반영의 어려움

외부 급식 업체는 다양한 조직에 서비스를 제공하기 때문에, 특정 조직의 특성을 반영한 맞춤형 운영이 어려울 수 있다. 조직의 문화, 가치, 특수 요구를 완벽히 이해하고 반영하지 못할 가능성이 있으며, 이는 급식 서비스에 대한 만족도를 낮출 수 있다.

(3) 계약 및 비용 문제

위탁급식은 계약에 의해 운영되기 때문에, 계약 조건에 따라 급식 서비스가 제한될 수 있다. 계약 내용에 포함되지 않은 추가 요구나 변화에 대해 유연하게 대응하기 어려울 수 있으며, 추가 비용이 발생할 가능성도 있다. 계약 종료 후 새로운 급식 업체를 찾거나 기존 업체와 재협상을 해야 하는 불편함도 있다.

(4) 비용 효율성 문제

외부 업체에 위탁할 경우, 급식 업체의 수익성을 고려해야 하므로 조직 입장에서는 더 높은 비용을 지불할 수 있다. 또한, 위탁 계약을 맺은 급식 업체가 효율적으로 운영하지 않을 경우, 비용 절감 효과를 충분히 누리지 못할 수 있다.

(5) 안정성 문제

급식 업체의 경영 상태나 운영 능력에 따라 서비스의 지속성과 품질이 영향을 받을 수 있다. 업체의 경영 악화나 운영 문제로 인해 급식 품질이 저하되거나 서비스가 중단될 위험이 존재할 수 있으며, 이러한 상황에 대해 조직이 신속하게 대응하지 못할 수 있다.

4) 위탁급식의 운영 방식

(1) 부분 위탁

일부 급식 운영만 외부 업체에 맡기고, 나머지는 조직이 직접 관리하는 방식이다. 예를 들어, 식재료 구매와 조리는 급식 업체가 담당하지만, 배식과 위생 관리는 조직이 직접 할 수 있다. 이를 통해 급식 품질에 대한 조직의 통제력을 어느 정도 유지하면서도, 운영 효율성을 높일 수 있다.

(2) 완전 위탁

급식 운영 전반을 외부 급식 업체에 맡기는 방식이다. 급식 계획, 식재료 구매, 조리, 배식, 시설 유지 보수, 인력 관리 등을 모두 급식 업체가 담당한다. 조직은 계약을 통해 급식 품질과 비용을 관리하며, 급식에 대한 직접적인 개입을 최소화한다.

제5장 단체급식 종사자

1 조리사

단체급식 조리사는 학교, 병원, 군대, 기업 등 다양한 기관에서 많은 사람을 대상으로 식사를 준비하고 제공하는 역할을 담당하는 직업이다. 단체급식의 특성상 대량의 음식을 신속하고 위생적으로 조리해야 하는 것이 중요하며 조리사는 식재료 준비, 조리 과정, 배식, 위생 관리 등 전반적인 급식 운영을 책임지고 있다.

1) 단체급식 조리사의 주요 역할

(1) 식재료 준비 및 관리

① 재료 선별

급식에 필요한 식재료를 신선하고 질 좋은 것으로 선별한다. 이는 식사의 품질을 결정하는 중요한 단계로, 재료의 신선도와 위생 상태를 확인한다.

② 재료 손질 및 저장

대량의 식재료를 손질하고 필요한 경우 저장한다. 대량으로 구매한 식재료는 보관 방법이 중요하며, 냉장·냉동 보관 규정을 철저히 지켜 식재료의 신선도를 유지해야 한다.

③ 식재료의 효율적 사용

단체급식은 대량으로 식재료를 사용하기 때문에 재료를 낭비하지 않고 효율적으로 사용하는 것이 중요하다. 특히 재고 관리를 통해 남는 재료를 최소화하고 음식물 쓰레기를 줄여야 한다.

(2) 조리 및 식단 준비

① 식단 구성에 따른 조리

영양사의 지시에 따라 영양 균형을 고려한 식단을 준비하고, 조리 방법에 맞춰 음식을 만들게 된다. 일반적으로 단체급식 조리사는 다양한 요리를 대량으로 빠르고 효율적으로 준비해야 하며, 조리 과정에서 맛과 질감을 유지하는 것이 중요하다.

② 다양한 조리 기술 필요

단체급식에서는 다양한 식재료와 요리 방법을 사용하므로, 조리사는 찜, 볶음, 튀김 등 여러 조리 기술에 능숙해야 한다. 또한 대형 조리기구를 다루는 능력도 필요하다.

③ 식사 시간에 맞춘 시간 관리

단체급식은 정해진 시간에 많은 사람에게 식사를 제공해야 하므로, 조리사에게는 시간 관리가 필수적이다. 제공 시간에 맞춰 음식이 준비될 수 있도록 조리 순서와 시간을 효율적으로 계획해야 한다.

(3) 위생 및 안전 관리

① 식품 위생 관리

대량으로 음식을 조리할 때는 위생 관리가 매우 중요하다. 조리사는 조리 도구, 식재료, 작업 공간의 청결을 유지하고, 개인 위생을 철저히 관리해야 한다. HACCP(위해요소중점 관리기준)와 같은 식품 위생 관리 시스템을 준수해야 한다.

② 식품 안전 관리

식중독과 같은 위생 사고를 방지하기 위해 조리 과정에서 식품 안전을 철저히 관리해야한다. 식재료의 보관 온도, 조리 시간, 음식의 내부 온도 등을 철저히 점검하고, 위생 규정을 준수해야 한다.

③ 조리 도구 및 기구 안전 관리

대규모 급식 조리에는 대형 조리 도구와 기구를 사용하게 되며, 이는 안전 사고의 위험이 따를 수 있다. 따라서 조리사는 장비 사용법을 숙지하고, 기구의 올바른 사용과 유지보수를 통해 안전을 관리해야 한다.

(4) 배식 및 서비스

① 배식 준비

조리된 음식을 정해진 시간에 맞춰 배식하는 것이 중요하다. 배식 과정에서도 위생을 유지하며, 적절한 양의 음식을 제공해야 한다. 배식 시 음식의 온도를 유지하는 것도 매우 중요하며, 특히 따뜻해야 하는 음식이 차가워지지 않도록 주의해야 한다.

② 고객과의 소통

고객(학생, 환자, 군인 등)과의 소통도 중요한 역할 중 하나다. 음식에 대한 피드백을 받고 개선하거나, 고객의 요청에 따라 음식의 양이나 구성에 변화를 줄 수 있다.

(5) 특수 요구에 맞춘 조리

① 맞춤형 식단 제공

단체급식은 일반인뿐만 아니라 특수한 영양 요구가 있는 사람들(환자, 어린이, 노인 등)을 대상으로도 제공된다. 조리사는 영양사의 지침에 따라 특수 식단(저염식, 저지방식, 알레르기 식단 등)을 준비할 수 있어야 한다.

② 특정 행사나 요구에 맞춘 메뉴

학교나 기업에서는 특별한 날에 맞춘 행사용 메뉴를 준비하는 경우도 있다. 이때 조리사는 행사 분위기에 맞는 음식을 준비하고 메뉴를 창의적으로 구성해야 한다.

(6) 단체급식 조리사의 자격 요건 및 교육

① 조리사 자격증

대부분의 단체급식 조리사는 조리사 자격증을 갖춰야 한다. 대한민국에서는 한식, 양식, 중식, 일식 등 여러 조리 분야에서 자격증을 취득할 수 있으며, 단체급식에서는 주로 한식 조리사 자격증이 요구되는 경우가 많다.

영양사 또는 위생사 자격증을 갖춘 경우, 위생 관리나 영양 관련 업무에 대한 이해도가 높아 급식 조리 업무를 수행하는 데 유리할 수 있다.

②교육 및 훈련

단체급식 조리사는 다양한 교육과 훈련을 통해 조리 기술뿐만 아니라 위생 관리, 영양학, 안전 관리 등에 대한 지식을 습득해야 한다. 급식 업체나 고용 기관에서는 정기적으로 조리사에게 위생 및 안전 관련 교육을 제공한다.

HACCP 교육과 같은 식품 안전 관련 교육을 필수적으로 이수해야 하는 경우도 많다.

(7) 단체급식 조리사의 근무 환경

① 근무 시간

단체급식 조리사는 보통 정해진 급식 시간에 맞춰 근무하며, 이로 인해 아침 일찍부터 식재료 준비와 조리를 시작하는 경우가 많다. 급식 시간이 지나면 주방 청소 및 재료 정리 등으로 근무가 종료된다. 근무 시간은 보통 정해진 스케줄에 따르지만, 행사나 특별 급식이 있을 때는 추가 근무가 발생할 수 있다.

② 대량 조리 환경

단체급식 조리사는 일반 가정식과는 달리 대량으로 음식을 준비해야 한다. 많은 인원을 위해 음식을 준비하기 때문에 대형 조리 기구와 기계를 사용하며, 이를 효율적으로 다루기 위한 체력과 기술이 요구된다.

(8) 협력과 팀워크

단체급식은 대개 여러 명의 조리사와 보조 인력이 협력하여 운영된다. 따라서 조리사들은 팀워크가 매우 중요하며, 효율적인 업무 분담과 협력이 필요하다.

(9) 단체급식 조리사의 도전과 기회

① 업무의 어려움

단체급식 조리사는 많은 양의 음식을 제한된 시간 안에 조리해야 하므로, 체력적 부담이 크다. 대형 주방 기구와 열기, 반복되는 육체 노동 등으로 인해 업무 환경이 다소 힘들 수 있다.

위생과 안전 관리에 대한 책임도 막중하여, 식중독 등의 사고 예방을 위한 철저한 관리가 필요하다.

② 경력 개발

단체급식 조리사로 경력을 쌓으면, 급식 관리나 조리장(셰프) 등의 직책으로 승진할 수 있다. 또한 영양학, 급식 경영 등 추가적인 교육을 통해 급식 운영의 다른 분야로 진출할 수 있다. 특정 분야의 전문성을 기르면, 고급 단체급식이나 맞춤형 급식을 제공하는 곳에서의 기회를 얻을 수도 있다.

2 _ 영양사

단체급식 영양사는 급식소에서 대규모 인원을 대상으로 영양 균형이 잡힌 식사를 계획하고 제공하는 데 중요한 역할을 하는 전문가다. 영양사는 급식 메뉴를 설계하고, 영양 관리와 식단의 질을 유지하며, 급식소 전반의 운영을 감독한다. 또한 다양한 연령대와 건강 상태를 가진 사람들을 대상으로, 적절한 영양을 제공하고 식습관을 개선하는 역할을 담당한다.

1) 단체급식 영양사의 주요 역할

(1) 식단 계획 및 영양 관리

① 영양소 균형을 고려한 식단 작성

단체급식 영양사는 균형 잡힌 영양소를 제공하기 위해 식단을 계획한다. 연령, 성별, 활동량, 건강 상태에 맞춘 메뉴를 작성하며, 특히 어린이, 청소년, 노인, 환자 등 특수 집단의 영양 요구를 충족시켜야 한다.

② 건강 및 영양 문제 해결

특정 질병이나 건강 문제를 가진 사람들(예: 당뇨병, 고혈압, 알레르기)에게는 해당 집단에 맞는 맞춤형 식단을 구성한다. 이를 통해 개인의 건강 상태를 개선하거나 유지하는 데 도움을 줄 수 있다.

③ 다양한 식품군을 활용한 메뉴 구성

영양사는 식단을 짤 때 다양한 식품군을 활용하여 균형 잡힌 영양을 제공하도록 한다. 각 식품군에서 필수 영양소를 얻을 수 있도록, 단백질, 탄수화물, 지방, 비타민, 무기질 등이 골고루 포함된 식단을 계획한다.

(2) 식재료 선정 및 관리

① 식재료 선택

영양사는 건강과 안전을 최우선으로 하여, 신선하고 영양가가 높은 식재료를 선택한다. 친환경적이거나 로컬푸드를 사용하는 등, 건강과 환경을 고려한 식재료를 선호하는 경향이 커지고 있다.

② 식재료 영양가 분석

각 식재료가 가진 영양 성분을 분석하고, 다양한 영양소가 균형 있게 제공되도록 식단을 조정한다. 영양사는 식재료의 조리 후 영양 성분 변화까지 고려해 메뉴를 구성해야 한다.

(3) 식품 안전 및 위생 관리

① HACCP(위해요소중점관리기준) 준수

영양사는 식재료의 입고부터 배식에 이르는 전 과정을 관리하며, 식품 안전을 유지하는 것이 필수적이다. 식품위생법과 HACCP 같은 식품 안전 기준을 따라 식중독과 같은 사고를 예방한다.

② 조리사 및 직원 위생 관리

조리사 및 급식소 직원의 개인위생과 조리 환경의 청결을 지속적으로 관리한다. 직원들이 손 씻기, 위생복 착용, 장비 소독 등 기본적인 위생 지침을 준수하는지 확인하고 교육하는 역할을 담당한다.

③ 식재료 보관 및 관리

식재료가 신선하게 유지될 수 있도록 보관 온도와 조건을 관리하며, 유통기한을 확인해 식재료가 상하지 않도록 주의를 기울인다.

(4) 급식 운영 관리

① 예산 관리

영양사는 제한된 예산 내에서 질 높은 급식을 제공하기 위해 식재료 구매, 인건비, 운영비 등을 관리한다. 특히 단체급식에서는 비용 효율성이 중요한 요소이므로, 비용 대비 효과적인 식재료를 선택하는 것이 중요하다.

② 조리 및 배식 과정 감독

영양사는 조리사와 협력하여 계획된 메뉴가 정확하게 조리되고 배식되는지 감독한다. 음식이 올바른 방법으로 조리되었는지, 양과 질이 유지되는지를 확인하며, 고객이 만족할 수 있는 급식이 제공되도록 관리한다.

③ 식사량 및 배식 조정

고객의 연령, 성별, 활동량 등에 맞게 식사량을 조정하며, 배식 시 각기 다른 요구에 맞춰 적절한 양의 음식을 제공하도록 한다.

(5) 영양 상담 및 교육

① 영양 교육

영양사는 급식을 받는 사람들에게 영양에 대한 기본 지식을 전달하는 역할도 한다. 예를 들어, 학교에서는 학생들에게 건강한 식습관을 기르기 위한 교육을 하거나, 병원에서는 환자들에게 치료에 필요한 식습관을 교육할 수 있다.

② 맞춤형 영양 상담

특정 건강 문제를 가진 고객에게는 맞춤형 영양 상담을 제공해 식단을 조정하거나, 개인의 건강 상태를 개선할 수 있는 식습관을 제안한다. 특히 병원 영양사는 환자의 회복을 돕기 위한 식단을 제공하며, 환자와 가족에게 영양 섭취 방법을 설명할 수 있다.

(6) 영양 데이터 분석 및 연구

① 급식 통계 및 만족도 조사

영양사는 급식의 품질과 고객 만족도를 높이기 위해, 급식 만족도 조사나 식습관 조사를 진행한다. 이를 통해 개선할 점을 파악하고, 다음 식단 계획에 반영한다.

② 영양 성분 분석 및 개선

제공된 식단의 영양소 구성을 분석하여, 필요시 개선 방안을 모색한다. 고객의 영양 요구를 충족시키기 위해 기존의 메뉴를 개선하고 새로운 메뉴를 개발할 수 있다.

(7) 단체급식 영양사의 자격 요건

① 영양사 면허

대한민국에서 영양사로 일하기 위해서는 영양사 면허가 필요하다. 영양사 면허는 관련 학과(영양학, 식품영양학 등)를 졸업한 후, 국가고시에 합격하여 취득할 수 있다.

② 전문 지식

영양사는 영양학, 식품위생학, 생리학 등 다양한 학문적 지식을 바탕으로 식단을 구성하고 식품의 안전을 관리해야 한다. 또한 최신 식품 트렌드와 영양 정보에 대한 지식을 계속해서 업데이트해야 한다.

③ 컴퓨터 및 데이터 분석 능력

식단 계획 및 영양소 분석을 위한 소프트웨어를 다루는 능력이 필요하며, 급식 운영 관련 데이터를 분석하고 보고서를 작성할 수 있어야 한다.

(8) 단체급식 영양사의 근무 환경

① 근무 시간

영양사의 근무 시간은 급식 제공 시간에 맞춰 이루어진다. 대부분 정규 근무 시간 내에 이루어지지만, 특수 행사나 운영 상황에 따라 추가 근무가 발생할 수 있다.

② 협업 환경

영양사는 조리사, 급식 관리 인력, 그리고 고객과의 소통이 중요한 직업이다. 특히 조리사와 긴밀히 협력하여 메뉴를 구현하고, 배식 과정에서 문제를 해결하는 것이 필수적이다.

③ 책임감이 큰 직무

영양사는 많은 사람의 건강과 식사를 제공하는 역할을 맡기 때문에, 음식의 품질, 영양소 균형, 위생 상태 등을 철저히 관리해야 하는 책임이 크다.

(9) 단체급식 영양사의 도전과 기회

① 업무의 어려움

고객의 다양한 영양 요구와 만족을 동시에 충족시키는 것이 어려울 수 있다. 영양사의 역할은 식단의 영양 균형을 맞추는 것뿐만 아니라, 급식 비용과 고객의 선호도를 고려해야 하므로, 여러 요소를 종합적으로 관리해야 한다.

대규모 급식에서는 시간 관리와 효율적인 운영이 매우 중요하다. 제한된 시간 안에 많은 양의 식사를 제공하기 때문에, 각 단계에서의 협력과 신속한 대응이 필요하다.

② 경력 개발 및 전문성 강화

영양사로 경력을 쌓으면, 급식 관리 책임자나 영양 관리 컨설턴트 등의 직무로 발전할 수 있다. 추가 교육을 통해 임상영양사, 공공영양사, 연구영양사 등 다양한 분야로 진출할 수 있다.

특히, 공공기관이나 교육기관에서 일하는 영양사는 영양 교육 전문가로서 활동할 수 있으며, 학교나 병원에서는 교육과 상담을 통해 영양 개선 프로그램을 운영할 수 있다.

3 조리원

1) 직무 개요

음식을 요리하는 숙련 조리사를 보조하여 조리, 주방정리, 기물세척, 식재료 준비 등의 업무를 수행하고 있다.

학력 및 경력 무관하며 경력에 따라서 업무의 강도와 급여의 수준 차이가 있다. 경력이 많은 경우에는 조리의 찬모로 근무 가능하며, 초급은 시급으로 근무하는 형태이다.

(1) 조리원의 업무

① 부찬 등의 조리 진행

대형 위탁업체의 경우에는 주메뉴의 조리 외에 부찬의 조리작업 업무를 진행하고 직영 급식의 경우에는 주요리부터 후식까지 전부를 담당하는 경우도 있다.

② 배식의 지원

대면 배식의 경우에는 부찬을 작은 용기에 미리 담아서 소분하고 최근에는 자율배식에도 메뉴마다 조리원을 배치하여 정량배식하고 있다.

③ 홀 라운딩

홀을 돌아다니면서 배식대 정리정돈 및 청결을 확인하고 배식대 부족한 메뉴, 수저 등을 추가하고 배식 중 사고 방지 역할을 한다.

④ 청소업무

급식소 홀의 바닥과 탁자의 청소업무를 맡기도 하고 주방청소는 물청소를 진행한다.

제6장 | 단체급식의 전망

단체급식의 전망은 여러 요인에 따라 변화하고 있으며, 특히 건강, 환경, 기술, 사회적 변화 등이 주요한 영향을 미치고 있다. 앞으로 단체급식 산업은 이러한 트렌드와 요구에 맞춰 발전할 것으로 예상한다.

1 건강한 음식과 웰빙 음식에 대한 관심 증가

1) 건강식 및 특수 식단 요구 확대

소비자들이 건강과 웰빙에 대한 관심이 높아지면서 단체급식에서도 저염식, 저당식, 비건, 채식, 저탄수화물 등 다양한 맞춤형 식단의 수요가 증가하고 있다. 특히 학교, 병원, 기업 등에서 건강을 고려한 식단 구성이 더욱 중요해질 것이다.

2) 기능성 식품 및 영양 관리 강화

단체급식에서 건강에 도움이 되는 기능성 식품의 도입도 확대될 전망이다. 이를 통해 고객의 건강 증진과 질병 예방을 목표로 하는 영양 관리가 더욱 강화될 것이다.

2 친환경 및 지속 가능성 강화

1) 친환경 식재료 사용 증가

환경에 대한 관심이 높아지면서 로컬 푸드, 유기농 식재료, 지속 가능한 방식으로 생산된 식품 사용이 증가하고 있다. 이러한 트렌드는 단체급식에서도 친환경적인 식재료 구매와 음식물 쓰레기 감축 프로그램 등의 도입을 촉진할 것이다.

2) 음식물 쓰레기 관리

음식물 쓰레기를 줄이기 위한 방안으로, 잉여 식재료를 효율적으로 관리하고 소비하는 방식이 주목받고 있다. 기술을 활용한 스마트 재고 관리와 잔반 처리 시스템 등이 보편화될 것이다.

3 첨단 기술의 도입

1) 스마트 급식 시스템

4차 산업혁명의 영향을 받아, 단체급식에도 첨단 기술이 도입되고 있다. 예를 들어, QR코드나 NFC 기술을 활용한 비대면 주문, 자율주행 로봇을 활용한 배식 시스템, AI 기반의 맞춤형 영양 정보 제공 서비스 등이 개발되고 있다. 이러한 기술의 시스템은 사용자의 경험과 효율적인 운영을 개선하는 데 기여할 것이다.

2) 데이터 기반 식단 관리

AI(인공지능)와 IoT(사물인터넷)를 활용한 데이터 기반 급식 서비스가 확대될 것으로 예상된다. 고객의 식습관 데이터를 분석해 맞춤형 영양 식단을 제공하거나, 음식 섭취 데이터를 통해 개인별 건강 상태를 관리하는 시스템도 발전할 것이다.

4 _ 사회적 책임 및 ESG 경영 강화

1) ESG(환경, 사회, 지배구조) 경영의 확산

단체급식도 ESG 경영의 일환으로, 환경 보호, 사회적 책임 이행, 투명한 경영 방침을 고려한 운영이 요구될 것이다. 이는 식재료 선택, 직원 복지, 지역 사회와의 협력 등 다양한 분야에서 실현될 수 있다.

2) 공정 무역 식재료 사용

공정 무역을 통해 윤리적 소비를 실천하는 식재료 사용이 단체급식에서 더욱 주목받을 수 있고, 이를 통하여 사회적인 책임을 다하려는 움직임이 확산할 것이다.

5 _ 고령화 사회 및 특수 대상에 대한 급식 확대

1) 고령자 및 환자 대상 특화 급식

고령화 사회로의 진입에 따라, 노인층을 위한 맞춤형 단체급식 수요가 증가할 것이다. 저작 능력이 떨어지거나 특정 질병을 가진 고령자나 환자를 위한 부드러운 음식, 저염, 저칼로리 식단 등 특화된 급식이 필요하다.

2) 특수 교육 기관 및 치료 시설

특수 교육이 이루어지는 학교나 의료기관에서는 특정 질환이나 장애를 가진 사람들을 위한 특수 식단 요구가 증가할 것이다.

6 비대면 및 위생에 대한 요구 증가

1) 코로나19 이후 변화된 급식 문화

팬데믹 이후 위생에 대한 중요성이 강조되면서 비대면 급식 시스템, 안전한 조리 과정, 배식 시 거리 두기 등이 중요해졌다. 이러한 변화는 앞으로도 이어질 가능성이 크며, 위생 관리와 비대면 서비스는 단체급식의 표준이 될 것이다.

2) 개인화된 급식 제공

전통적인 뷔페형 급식보다는 개인화된 식판 배식을 선호하는 경향이 증가하고 있다. 이는 교차 오염을 방지하고 위생적인 식사 환경을 제공하는 데 기여할 것이다.

7 외식 트렌드와의 융합

1) 외식업계와의 협력 강화

외식업계의 메뉴 개발이나 인기 트렌드가 단체급식에 반영되는 사례가 늘고 있다. 외식 브랜드와의 제휴를 통해 학생, 직장인, 병원 환자들에게 더욱 다양한 선택지를 제공하는 방식이 확산될 가능성이 있다.

2) 경험형 급식 서비스 제공

맛과 즐거움을 강조한 경험 중심의 급식 서비스가 확대될 수 있다. 예로, 특정 주제에 맞는 특별한 음식을 제공하는 테마 급식이나 다양한 문화의 음식을 체험할 수 있는 이벤트가 인기를 끌 수 있다.

제7장 단체급식의 메뉴 구성

단체급식의 메뉴 구성을 더 상세하게 설명하면, 각 과정에서 고려해야 할 세부적인 요소들이 많다. 여기서는 메뉴 구성의 각 단계에서 더 깊이 들어가 구체적인 방법과 기준을 제시하겠다.

1. 영양소 균형을 위한 식단 구성

1) 칼로리 산정

급식 대상자의 연령, 성별, 체중, 활동 수준에 따라 하루 권장 칼로리 섭취량을 계산한다. 일반적으로 다음과 같은 범위를 고려한다.

- 성인 여성: 하루 2,000~2,500kcal
- 성인 남성: 하루 2,500~3,000kcal
- 어린이: 하루 1,600~2,400kcal (연령대에 따라 다름)
- 노인: 활동이 적기 때문에 하루 1,800~2,200kcal로 제한

2) 영양소 비율

권장되는 탄수화물, 단백질, 지방의 비율은 각각 5565%, 1015%, 20~30%다. 이에 맞추어 한 끼 식사에서 각 영양소가 충분히 포함되도록 식단을 설계한다.

예시 하루 총 칼로리가 2,400kcal일 때
- 탄수화물: 약 13,201,560kcal (330,390g)
- 단백질: 약 240,360kcal (6,090g)
- 지방: 약 480,720kcal (5,380g)
- 필수 비타민과 무기질 공급: 단체급식에서는 비타민 A, C, D, 철분, 칼슘 등의 필수 영양소를 고려해야 한다. 비타민 A는 당근, 비타민 C는 신선한 과일(오렌지, 딸기), 칼슘은 두부, 우유, 멸치 등에서 공급된다.

2 식재료 선택과 조합

1) 탄수화물 공급원(주식)

밥, 국수, 빵 등을 기본으로 하되, 흰쌀보다는 현미, 보리, 퀴노아 등의 잡곡을 사용하여 섬유질 섭취를 늘리는 것이 좋다.

예시 흰쌀밥(150g), 현미밥(150g), 쌀국수(100g), 통밀빵(2조각)

2) 단백질 공급원

동물성 단백질과 식물성 단백질을 균형 있게 제공해야 한다.

(1) 육류

소고기(안심, 우둔살), 닭고기(가슴살), 돼지고기(안심, 목살)

(2) 해산물

고등어, 연어, 새우, 오징어

(3) 식물성 단백질

두부, 콩, 렌틸콩, 견과류

예시 닭가슴살구이(100g), 두부조림(80g), 생선구이(100g)

3) 비타민과 섬유질 공급원(채소)

색깔이 다양한 채소를 사용하여 비타민 A, C, K 등 다양한 영양소를 공급하며, 적어도 한 끼에 2~3가지 이상의 채소를 포함한다.

예시 시금치(비타민 A), 브로콜리(비타민 C), 당근(베타카로틴), 오이, 파프리카

4) 지방

건강한 지방 공급원으로 식물성 기름(올리브유, 참기름), 견과류, 아보카도 등을 사용한다. 포화지방은 줄이고, 불포화지방을 포함하는 식재료로 조리해야 한다.

예시 올리브유로 조리한 구운 생선(연어), 견과류(호두, 아몬드) 추가

3 _ 세부 메뉴 구성 예시

1) 아침 식단

- 주식: 현미죽 1그릇(200g)
- 단백질: 달걀말이(달걀 2개, 채소 섞어 조리)
- 채소: 나물 무침(시금치나물 50g)
- 국: 미소된장국(두부, 다시마, 미역 포함)
- 후식: 제철 과일(사과 1/2개)

2) 점심 식단

- 주식: 잡곡밥(150g)
- 단백질: 닭가슴살 샐러드(닭가슴살 100g, 신선 채소)
- 채소: 깍두기(배추김치 50g)
- 국: 근대된장국(근대 50g, 된장)
- 후식: 오렌지 1개

3) 저녁 식단

- 주식: 보리밥(150g)
- 단백질: 고등어구이(100g)
- 채소: 무나물(50g), 파프리카볶음(50g)
- 국: 콩나물국(콩나물 50g, 멸치 육수)
- 후식: 바나나 1개

4 특별한 요구에 따른 메뉴 구성

1) 저염식 메뉴

나트륨을 줄이기 위해 천연 조미료(다시마, 멸치, 채소 육수)를 사용하고, 가공식품(소시지, 햄, 가공치즈 등)은 피해야 한다.

예시 간장 대신 발효된 장류(된장, 고추장)를 소량 사용한 나물 무침

2) 채식 메뉴

육류 대신 두부, 콩, 렌틸콩 등을 사용하여 단백질을 보충

예시 두부 스테이크, 콩으로 만든 커틀릿, 채소 카레

3) 저칼로리/다이어트 메뉴

고칼로리 음식을 피하고, 저열량의 식재료(채소, 닭가슴살, 생선 등)를 중심으로 식단을 구성

예시 스팀 채소와 닭가슴살 구이, 무가당 그린 스무디

4) 알레르기 대체 식단

알레르기를 유발할 수 있는 식재료(글루텐, 유제품, 견과류 등)를 대체할 수 있는 재료로 조리

예시 글루텐 프리 빵, 두유나 아몬드 우유를 사용한 크림 파스타

5 식단 주기와 변동성

1) 주간/월간 식단 계획

메뉴가 반복되지 않도록 주간 또는 월간 단위로 메뉴를 미리 계획한다. 매주 다른 테마나 요리법을 적용하여 다채로운 식사를 제공한다.

예시 1주차 한국식 메뉴, 2주차 일본식 메뉴, 3주차 서양식 메뉴

2) 계절에 맞는 메뉴

계절별로 다양한 제철 식재료를 사용하여 신선한 맛과 영양을 유지한다.
- 봄: 냉이, 달래, 두릅 등
- 여름: 오이, 가지, 호박
- 가을: 고구마, 밤, 감
- 겨울: 배추, 무, 굴

6 식단 평가 및 피드백 반영

1) 영양사와의 협력

영양사는 메뉴가 실제로 건강에 적합하고 영양소가 균형 잡혔는지 정기적으로 평가해야 한다.

2) 급식 대상자 피드백

식사의 만족도를 조사하여, 맛, 영양소, 식사량에 대한 피드백을 받고 이를 반영해 식단을 개선한다.

이처럼 단체급식 메뉴는 세밀한 계획과 조정이 필요하다. 각 급식 대상자의 건강 상태와 요구사항을 고려하면서도 영양의 균형을 맞추고, 다채로운 식단을 제공하는 것이 중요하다.

제8장 급식에서 주로 사용하는 채소류

단체급식의 전망은 여러 요인에 따라 변화하고 있으며, 특히 건강, 환경, 기술, 사회적 변화 등이 주요한 영향을 미치고 있다. 앞으로 단체급식 산업은 이러한 트렌드와 요구에 맞춰 발전할 것으로 예상한다.

1 채소의 분류

단체급식에서 사용하는 채소는 신선하고 영양가가 풍부하며, 대량으로 쉽게 조달할 수 있는 품목들로 구성된다. 대량으로 조리해야 하는 특성상, 채소의 손질과 보관이 용이하며 재철 재료를 중심으로 사용한다. 또한, 다양하고 풍부한 영양소를 섭취할 수 있도록 채소의 종류와 조리법도 다양하게 사용한다. 단체급식에서 주로 사용하는 채소를 몇 가지 주요 카테고리로 나누면 다음과 같다.

1) 엽채류(잎채소)

단체급식에서는 신선한 잎채소를 자주 사용하여 샐러드, 쌈, 무침 등을 만든다.
- 배추: 김치와 다양한 반찬, 국물 요리에 많이 사용된다.
- 상추: 쌈 채소로 제공되며, 샐러드로도 활용된다.

- 시금치: 나물로 자주 활용되며, 비타민 A와 철분이 풍부해 영양 보충에 좋다.
- 깻잎: 쌈으로 먹거나 깻잎 무침으로 사용된다.
- 봄동: 겉절이 또는 생채로 많이 쓰이며, 단체급식에서는 빠르게 조리할 수 있는 잎채소로 인기 있다.

2) 근채류(뿌리채소)

뿌리채소는 대량으로 보관이 용이하고, 다양한 요리에 쓰일 수 있다.
- 무: 뭇국, 무생채, 김치에 사용되며 소화 효소가 있어 소화가 잘된다.
- 당근: 볶음 요리, 샐러드, 나물 등 다방면에 사용되며, 색감도 좋아 음식의 시각적인 효과를 높인다.
- 감자: 찜, 조림, 볶음 요리에 활용되며, 탄수화물이 풍부해 포만감을 준다.
- 고구마: 구이나 찜 요리, 조림 등으로 제공되며, 섬유질이 풍부하다.
- 연근: 조림이나 찜 요리로 제공되며, 식감이 좋아 반찬으로 많이 사용된다.

3) 과채류(열매채소)

과채류는 생으로 먹거나 다양한 요리에 첨가되어 영양소와 풍미를 더한다.
- 토마토: 샐러드, 볶음 요리, 소스 등에 사용된다. 단체 급식에서는 생으로 제공하거나 퓌레로 만들기도 한다.
- 오이: 샐러드, 오이무침, 김치 등에 많이 사용되며, 수분이 풍부해 여름철에 인기가 많다.
- 애호박: 나물, 찌개, 전 등의 요리에 활용되며, 열량이 낮아 다이어트식으로도 좋다.
- 가지: 볶음, 찜, 구이 등으로 다양하게 요리할 수 있으며, 특유의 식감이 매력적이다.
- 피망, 파프리카: 비타민 C가 풍부하여 샐러드, 볶음 요리에 많이 사용된다.

4) 양파류 및 향채류

요리에 깊은 맛과 향을 더하는 재료로 대량 급식에서 필수적인 재료다.
- 양파: 거의 모든 요리에 들어가는 기본적인 재료로, 생으로 먹거나 볶음, 조림 등 다양한 방식으로 사용된다.
- 파: 국물 요리와 볶음 요리에 빠질 수 없는 재료로, 향을 더해준다.
- 마늘: 항균 효과가 뛰어나며, 다진 마늘은 다양한 반찬과 국, 찌개 등에 사용된다.
- 대파: 국물 요리나 무침, 볶음 요리 등에서 많이 사용되며, 특히 겨울철에 자주 쓰인다.

5) 버섯류

버섯류는 단백질과 식이섬유가 풍부하여 건강에 좋고, 다양한 요리에 사용된다.
- 표고버섯: 찌개, 볶음, 국 등으로 활용되며, 특유의 향과 식감이 요리를 풍부하게 만든다.
- 팽이버섯: 국물 요리, 볶음 요리에 자주 사용되며, 식감이 부드럽고 조리 시간이 짧아 효율적이다.
- 느타리버섯: 찜, 국물 요리, 볶음 등 다양한 요리에 사용되며, 고기 대용으로도 쓰인다.

6) 김치와 절임류

한국 단체급식에서 김치는 필수다. 대량으로 만들고 오래 보관할 수 있는 장점이 있다.
- 배추김치: 모든 식사에 곁들여지며, 밥과 함께 먹기 좋은 대표적인 반찬이다.
- 깍두기: 무를 큼직하게 썰어 만든 김치로, 아삭한 식감이 좋다.
- 오이김치: 여름철 단체급식에서 자주 사용되며, 시원하고 아삭한 식감이 특징이다.

7) 단체급식에서 채소 사용 시 고려사항

대규모 급식에서는 채소의 대량 구매가 필수적이며, 신선도를 유지하기 위해 적절한 보관 방법이 중요하다.

- 조리 시간 단축: 대량 조리에서는 손질하기 쉬운 채소를 선택하거나 전처리가 된 채소를 사용하는 것이 좋다.
- 다양한 영양소 공급: 다양한 종류의 채소를 사용하여 비타민, 미네랄, 식이섬유를 고르게 공급하는 것이 중요하다.
- 계절에 맞는 채소 선택: 제철 채소를 사용하면 신선하고 영양가 높은 식재료를 제공할 수 있으며, 비용 절감 효과도 있다.

이러한 채소들은 단체급식에서 효율적이고 영양가 높은 식단 구성을 위해 자주 활용된다.

2 _ 계절별 채소

계절에 따라 각기 다른 채소들이 수확되며, 제철 채소는 신선하고 영양가가 높을 뿐만 아니라 가격도 상대적으로 저렴하다. 다음은 한국에서 계절별로 수확되는 주요 채소들을 정리한 내용이다.

1) 봄철 채소(3~5월)

봄철에는 비타민과 무기질이 풍부한 신선한 채소들이 많아, 겨울 동안 부족했던 영양소를 보충하기에 좋다.

(1) 냉이: 40kcal(100g)

철분과 비타민 A가 풍부하며, 해독작용을 돕고, 채소 중에서 단백질 함량이 가장 풍부하고 칼슘이 많이 들어 있어서 나

른한 봄철 입맛을 돋워준다. 한의학적으로 위장을 튼튼하게 하며, 눈을 맑게 하고 간에 쌓인 독소를 풀어준다.

① 채소 선택 요령

뿌리가 굵고 짧으며, 잔뿌리가 적고 잎이 짙은 녹색을 띠는 것을 고른다. 뿌리에 흙이 많이 묻어 있지 않고 흙냄새가 많이 나지 않는 것이 좋다.

냉이처럼 생겼지만 냉이가 아닌 개냉이라고 하는 황새냉이, 지칭개라고 하는 가짜냉이가 있다. 둘 다 식용할 수 있으며, 특히 황새냉이는 향도 비슷하여 구분하기가 어렵다.

② 활용법

전이나 조림, 국, 찌개류에 활용할 수 있다.

③ 음식 궁합

단백질의 함량이 많은 냉이는 생콩가루와 섞어서 조리하면 영양면에서 우수한 음식이 된다.

(2) 달래: 46kcal(100g)

알리신 성분이 풍부한 달래는 원기회복, 자양강장, 비타민 C와 칼슘이 많아 면역력 강화에 도움이 되며, 특유의 알싸한 맛이 특징이다. 알뿌리는 양파와 유사하고 잎은 실파와 비슷하다. 맛이 비슷한 파나 마늘은 산성식품이나 달래는 다량의 칼슘을 함유한 알칼리성 식품이다.

① 채소 선택 요령

줄기가 가늘고 진한 녹색이고 뿌리 부분이 윤기가 나는 흰색이며 알싸한 향이 나는 것이 신선하다. 잎이 너무 시들거나 황색을 띠는 것은 피한다. 달래 수요가 많아 최근에는 하우스로 재배하고 있어 언제라도 맛볼 수 있다.

② 활용법

나물, 생채, 전, 국이나 찌개 등에 다양하게 활용할 수 있다.

③ 음식 궁합

돼지고기와 함께 요리하여 섭취하면 칼슘, 무기질, 비타민이 풍부하여 육류의 콜레스테롤 저하하는 데 효과가 있다.

(3) 두릅: 26kcal(100g)

독특한 향이 있어 나물로 많이 먹으며, 나무에서 자라는 두릅과 땅에서 나는 두릅이 있다. 단백질과 비타민 C가 풍부하고 사포닌 들어 있어 혈당을 내리고 혈중지질을 낮추어 혈액순환을 돕는 봄나물이다.

① 채소 선택 요령

줄기가 너무 굵지 않고, 싱싱한 초록빛이 도는 것이 좋다. 줄기가 너무 크고 잎이 시든 것은 피한다. 오래 저장하기 위하여 데쳐서 알리거나 소금에 절이기도 한다.

② 활용법

숙회로 많이 먹으며, 전을 부치거나 장아찌를 담가 저장하여 먹기도 한다.

③ 음식 궁합

소고기와 두릅을 함께 섭취하면 두릅에 함유된 많은 비타민, 무기질과 소고기의 단백질을 함께 섭취할 수 있어서 보양식으로 좋다.

(4) 쑥: 18kcal(100g)

쑥에는 시네올의 정유 성분으로 향긋하고 시원한 맛을 내면서 만성적인 폐 질환이나 천식 치료 효과가 있고 무기질과 비타민이 풍부하여 피로를 풀어주는 효과가 있다.

① 채소 선택 요령

뽀얀 연둣빛을 띠면서 잎이 작고 진한 녹색이며, 뽀송한 털이 촘촘히 나 있는 것이 신선한 쑥이다. 너무 자라 잎이 거칠고 줄기가 굵은 것은 피한다.

② 활용법

주로 떡을 만들어 많이 섭취하고 말려서 차를 끓여 마시기도 한다.

③ 음식 궁합

쌀과 섞어 떡으로 섭취하면 쌀에 부족한 지방, 섬유질, 칼슘을 보완해주고 브로콜리와 섭취하면 무기질을 보강해 준다.

(5) 미나리: 21kcal(100g)

무기질과 비타민이 풍부하여 알칼리성 식품으로 지방이 많은 식단으로 인한 산성 체질을 중화하는데 효과가 뛰어나며, 칼륨이 많이 함유되어 있어서 체내의 나트륨과 중금속 등의 성분을 배출하는 데 많은 도움이 된다.

① 채소 선택 요령

줄기가 통통하고 부드러우며 연한 녹색을 미나리가 좋다. 너무 질기거나 줄기가 가늘어 시든 느낌이 드는 것은 피한다.

② 활용법

전골, 탕류 등의 요리에 향미 채소로 쓰이며, 생채, 숙채로도 활용할 수 있다.

③ 음식 궁합

복어의 독 테트로도톡신을 중화하며, 칼슘, 칼륨, 비타민 A, B, C가 풍부하다. 고혈압을 내리는 데 효과적인 쑥갓과 함께 섭취하면 효율적이다.

(6) 봄동: 23kcal(100g)

비타민 A와 C가 풍부하며, 일반 배추보다 단맛이 강하고, 잎이 부드럽고 생채나 겉절이에 사용된다.

① 채소 선택 요령

속잎이 노랗고 잎이 연한 녹색을 띠고, 속이 단단히 차 있으며, 크기가 고른 것이 신선하다. 잎이 너무 무르거나 벌어진 것은 피한다.

② 활용법

주로 겉절이나 생채를 만들거나 무침, 국의 재료로도 사용한다.

③ 음식 궁합

봄동은 단백질, 지방이 부족하여 겉절이나 쌈 채소로 고기와 함께 섭취한다면 부족할 수 있는 영양소를 채워 줄 수 있다.

(7) 양배추: 31kcal(100g)

양배추는 서양 3대 장수 채소로 고대 그리스 시대부터 즐겨 먹기 시작하였으며, 비타민 U와 K가 풍부하여 위장 건강에 좋다.

① 채소 선택 요령

겉잎이 연한 녹색을 띠고, 속이 단단하고 묵직한 것을 선택한다. 잎이 밝고 윤기 있는 초록색을 띠며, 찢어진 부분이 없는 것이 좋다.

② 활용법

샐러드, 숙채, 볶음 조리 등에 많이 사용된다.

③ 음식 궁합

귤류나 사과, 청포도 등 신맛 나는 과일류와 잘 어울리고 이소티오시아네이트 성분의 항암효과와 비타민 C가 풍부한 자몽이 합쳐지면 이중 항산화 효과를 기대할 수 있다.

2) 여름철 채소(6~8월)

여름철에는 수분 함량이 높고, 열을 식혀주는 채소가 많다.

(1) 오이: 11kcal(100g)

풍부한 수분과 칼륨이 많아 갈증 해소와 이뇨작용에 도움
을 주며, 피부 미용에도 좋다.

① 채소 선택 요령

꼭지가 싱싱하고 과육이 단단하며, 표면에 가시가 촘촘하고 색이 짙은 녹색인 것이 신
선하다. 끝부분이 노란 오이는 지나치게 익은 상태이므로 피하는 것이 좋다.

② 활용법

무침, 생채, 나물, 볶음, 각종 샐러드의 재료로 활용한다.

③ 음식 궁합

배와 함께 섭취하면 오이의 이뇨작용과 배의 열을 낮추는 효과가 서로 도움을 준다.

(2) 애호박: 38kcal(100g)

비타민 C와 섬유질이 풍부하여 소화를 돕고, 다양한 요리
에 사용된다.

① 채소 선택 요령

표면이 매끄럽고 껍질이 연한 녹색을 띠는 것이 신선하다. 너무 크거나 물러진 부분이
있는 것은 피한다.

② 활용법

국, 전, 나물, 소스 등에 사용하며 서구권에서는 캠핑 시엔 거의 필수 요소급이며 식감도 부드러워서 스테이크 가니쉬에도 사용한다.

③ 음식 궁합

칼슘이 많아서 나트륨 배출에 도움을 주며 심혈관 질환에 도움을 준다. 새우젓과 함께 섭취하면 좋으나 무와 같이 먹는 것은 피하는 것이 좋다. 무에 함유된 아스코르비나아제라는 효과가 애호박의 비타민 C를 파괴한다.

(3) 가지 : 17kcal(100g)

안토시아닌이 많아 항산화 작용을 하며, 혈관의 노폐물을 배출하고 항암효과가 있다.

칼륨과 수분을 다량 함유하고 있어서 이뇨작용에 도움을 주어 노폐물 배출에도 도움을 준다.

① 채소 선택 요령

껍질이 짙은 보라색을 띠고 표면이 매끈하며 윤기가 흐르는 것이 신선하다. 꼭지가 마르지 않고 초록색인 것을 고른다. 무르고 색이 바랜 것은 피한다.

② 활용법

나물, 볶음, 전, 튀김에 활용한다.

③ 음식 궁합

가지를 조리 시 기름에 조리하면 리놀레산과 비타민E의 흡수율을 높여준다.

(4) 고추 : 19kcal(100g)

미네랄 영양소가 많아 항산화 작용, 비타민 C가 풍부하고 매운맛이 있어 체온 조절과 신진대사를 촉진한다.

① 채소 선택 요령

크기와 모양이 균일하고 표면이 매끄럽고 윤기가 나며, 붉거나 짙은 초록색을 띠는 것이 좋다. 손으로 잡았을 때 탄력 있고 단단한 고추를 선택하고, 끝부분이 말라 있거나 주름진 것은 피한다.

② 활용법

날로 섭취하거나 장아찌, 부각, 조림, 전, 튀김에 활용한다.

③ 음식 궁합

멸치에 부족한 비타민 A를 고추가 보충해 준다.

(5) 깻잎: 29kcal(100g)

비타민 A와 C가 풍부하며, 소화를 돕고 특유의 향이 있어 쌈 채소로 많이 사용된다.

① 채소 선택 요령

잎이 두껍고 줄기가 단단하며, 잎의 색이 선명한 초록색인 것이 신선하다. 잎이 얇고 노란빛이 돌거나 시들어 보이는 것은 피하는 것이 좋다.

② 활용법

양념이 강한 음식이나 특유의 냄새가 강한 음식을 조리할 때 깻잎의 향으로 억누르기도 하며, 김치, 나물, 장아찌, 전, 튀김에 활용한다.

③ 음식 궁합

깻잎의 페릴라알데하이드, 리모넨 성분이 돼지고기의 느끼한 맛과 생선의 비린내를 줄여준다. 그리고 데쳐서 먹는 것이 생으로 섭취하는 것보다 혈당관리에 도움이 된다.

(6) 옥수수: 142kcal(100g)

옥수수의 씨눈에는 필수 지방산인 리놀레산이 풍부하여 콜레스테롤을 낮추고, 섬유질이 풍부하고, 배고픔을 달래주는 간식으로도 좋다.

① 채소 선택 요령

껍질이 신선한 녹색을 띠고, 옥수수 알이 고르고 꽉 차 있으며, 손으로 눌렀을 때 무르지 않고 단단한 느낌이 드는 것을 고른다. 껍질이 마르고 알이 부분적으로 빈 것은 피한다.

② 활용법

찰옥수수는 쪄 먹고 단옥수수는 과일처럼 생으로 먹기도 하고 통조림, 팝콘, 간식용으로 활용한다.

③ 음식 궁합

옥수수에는 트립토판, 라이신 등의 필수아미노산이 부족하여 라이신이 많은 콩, 트립토판이 많은 우유, 달걀, 고기 등과 함께 섭취하면 좋다.

(7) 토마토: 18kcal(100g)

라이코펜이 풍부하여 항산화 작용을 하고, 체온을 낮추는 효과가 있다.

① 채소 선택 요령

표면이 매끄럽고 윤기가 나며, 붉은색이 균일한 것을 선택한다. 만졌을 때 너무 무르지 않고 단단한 느낌이 있는 것이 신선하다.

② 활용법

생으로 사용하는 것보다 삶아서 사용하면 라이코펜을 5배 이상 흡수할 수 있다.

③ 음식 궁합

토마토는 산이 많은 식품으로 조리 할 때 단시간에 조리하거나 스테인리스 스틸 재질의 조리기구를 사용해야 한다. 알루미늄으로 된 기구를 사용하면 알루미늄의 성분이 녹아서 나올 수 있기 때문이다.

(8) 열무: 14kcal(100g)

비타민 A와 C가 많아 여름철 김치에 주로 사용한다.

① 채소 선택 요령

열무는 통통한 것이 좋으며, 너무 많이 자란 것은 줄기 부분이 질겨 맛이 없다. 무 쪽은 통통하고 잔털이 많으면 억세다.

② 활용법

주로 김치로 섭취하며, 냉면류, 무침, 비빔밥, 겉절이 등에 활용한다.

③ 음식 궁합

비타민을 보충할 수 있는 열무김치는 섬유질이 풍부한 보리밥과 궁합이 잘 맞고, 또한 콩나물, 해산물, 고기류에 잘 어울린다. 고기의 기름진 맛을 잡아준다.

(9) 양파:35kcal(100g)

항산화 물질이 풍부하여 면역력을 높이고 염증을 줄이는 데 도움를 주고, 황화합물이 혈액순환을 개선하고 콜레스테롤 수치를 낮추는 데 기여한다.

① 채소 선택 요령

둥글고 균일한 모양으로 단단하고 탄력이 있으면서 크기에 비해 묵직하고 껍질이 얇고 잘 벗겨지지 않는 것이 좋다. 껍질에 흠집, 곰팡이, 습기 자국이 없는 것은 피한다.

② 활용법

양파는 생으로 먹거나, 볶고 튀기고, 끓이는 등 다양한 방식으로 활용한다.

③음식 궁합

양파의 황화합물이 고기의 잡내를 제거하고 감칠맛을 더하며, 양파의 소화 효소가 단백질 소화를 돕는다.

3) 가을철 채소(9~11월)

가을에는 추수의 계절답게 영양이 풍부한 채소들이 많이 수확된다.

(1) 고구마: 131kcal(100g)

탄수화물 식품 중 식이섬유가 많아 장운동을 촉진하여 다이어트 및 변비 예방, 칼륨이 풍부하여 혈압 조절에 도움을 준다.

① 채소 선택 요령

껍질이 매끈하고 상처나 흠집이 없는 것을 고른다. 색이 균일하며 너무 크지 않고, 눌렀을 때 단단한 것이 좋다. 들어보아 무게감이 있는 것이 속이 알찬 것이다.

② 활용법

삶거나, 굽거나, 쪄서 먹기도 하며 각종 요리와 후식 및 간식으로도 활용한다.

③ 음식 궁합

김치와 사과와 잘 어울린다. 고구마 속에 들어 있는 '아마인드' 물질이 방귀를 생성하는데, 사과와 함께 먹으면 효과를 볼 수 있다.

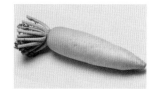

(2) 무: 33kcal(100g)

비타민 C와 소화를 돕는 효소가 많아 김치나 국 등에 자주 사용하며, 메틸메르캅탄 성분은 감기 예방에 효과적이다.

① 채소 선택 요령

껍질이 매끈하고 윤기가 나며, 무게가 묵직한 것이 좋다. 잎이 푸르고 싱싱하며, 속이
꽉 찬 느낌이 드는 무를 고른다. 너무 물러지거나 잎이 시든 것은 피한다.

② 활용법

우리나라에서 채소 중 가장 많이 사용하는 채소로 주로 김치의 주재료 활용되며, 국, 볶
음, 조림 등에 다양하게 활용되고 있다.

③ 음식 궁합

문어와 함께 요리하면 문어를 연하게 하고 특유한 냄새를 제거한다.

(3) 연근: 67kcal(100g)

비타민 C와 칼륨이 많고, 혈액순환에 도움을 주는 효과가
있다.

① 채소 선택 요령

껍질이 매끄럽고 진한 황갈색을 띠는 것이 좋다. 단단하며
무게가 묵직한 것을 고르고, 상처나 갈라진 부분이 없는 연근을 선택한다.

② 활용법

쓴맛이 강하므로 데쳐서 찬물에 오랫동안 우려낸 다음 사용하고, 구이, 튀김, 조림, 무
침, 샐러드 등으로 활용할 수 있다.

③ 음식 궁합

치커리의 마그네슘 성분과 인티빈 성분이 연근 속의 아세틸콜린 성분을 촉진으로 혈관
질환 개선에 효과가 있고 애호박도 함께 섭취하면 혈압 안정에 도움을 준다.

(4) 토란: 124kcal(100g)

소화가 잘되고, 칼륨이 많아 나트륨 배출을 돕는다.

① 채소 선택 요령

표면이 매끄럽고 진한 갈색을 띠며, 눌렀을 때 단단하고 무
게감이 있는 것이 신선하다. 표면이 울퉁불퉁하거나 너무 작은 것은 피한다.

② 활용법

우리나라 전통음식에서 중요한 역할을 하는 식재료로 국, 찌개, 전, 볶음 등 다양한 방
식으로 활용할 수 있다.

③ 음식 궁합

다시마는 토란의 유해성분과 아리고 떫은맛을 없애주고, 토란에 함유된 수산석회가 체
내에 쌓여서 결석을 만드는데 이를 다시마가 예방하는 역할을 한다.

(5) 브로콜리: 28kcal(100g)

항산화 성분과 비타민 C가 풍부하고, 설포라판과 인돌화합
물이 면역력 강화와 암 예방에 좋다.

① 채소 선택 요령

꽃봉오리가 작고 촘촘하며 진한 초록색을 띠는 것을 선택한다. 줄기가 단단하고 탄력
있는 것이 좋으며, 노란색으로 변한 브로콜리는 피한다.

② 활용법

주로 데쳐서 볶거나 오일드레싱을 곁들여 섭취하면 비타민 A의 흡수력을 높인다. 샐러
드, 수프, 스튜에 활용할 수 있다.

③ 음식 궁합

브로콜리는 바이러스의 저항력이 높여주고 인터페론의 분비를 촉진하는 데 양파가 도

움을 준다.

(6) 당근: 37kcal(100g)

베타카로틴이 풍부하여 항산화 효과를 내고 루테인, 리코펜 성분으로 시력 보호하고 면역력을 높이며, 동맥경화를 예방한다.

① 채소 선택 요령

껍질이 얇고 색이 균일한 진한 주황색을 띠는 것이 신선하다. 크기가 일정하고 단단한 당근을 고르며, 갈라지거나 너무 큰 것은 피하는 것이 좋다.

② 활용법

볶음, 생채, 죽, 국, 수프, 튀김 등 많은 조리법에 잘 어울린다.

③ 음식 궁합

비타민 A와 카로틴이 풍부하여 비타민 C와 칼륨의 함량이 많은 사과와 함께 섭취하면 좋다.

4) 겨울철 채소(12~2월)

겨울철에는 보관이 쉬운 채소들과 뿌리채소가 많이 소비된다.

(1) 배추: 13kcal(100g)

식이섬유 함유량이 많아 변비 및 대장암을 예방하고 비타민 C가 풍부하며, 김장철에 중요한 재료로 사용된다.

① 채소 선택 요령

속이 단단하고 묵직하며, 겉잎이 선명한 녹색을 띠는 것이 신선하다. 배추 줄기가 굵고 잎이 탄력 있는 것을 고르고, 너무 크거나 속이 헐렁한 배추는 피한다. 특히 겨울철 김장에 사용하는 배추는 속이 단단하고 묵직한 것이 좋다. 겉잎이 연한 초록색을 띠며, 속잎은 밝은 노란색인 배추를 선택한다.

② 활용법

김치, 겉절이, 샐러드, 무침, 볶음, 국 등에 활용할 수 있다.

③ 음식 궁합

무와 함께 섭취하면 간암 예방에 효과가 높아진다.

(2) 시금치: 33kcal(100g)

각종 성분을 함유한 완전 영양식품으로 엽산, 비타민 A와 철분이 많아 빈혈과 치매 예방에 좋다.

① 채소 선택 요령

잎이 짙은 초록색을 띠고 줄기가 단단한 것이 신선하다. 너무 질기거나 시든 잎이 없는 시금치를 고르고, 색이 노란빛을 띠면 피하는 것이 좋다.

② 활용법

주로 나물 무침, 국거리로 먹으며 다이어트 식품으로 샌드위치와 샐러드에도 활용된다.

③ 음식 궁합

시금치의 알칼리 성분과 소고기의 인, 철분, 우황의 산성 성분이 잘 어울린다. 그리고 깨와 함께 조리하면 시금치에서 부족한 단백질 지방을 조화롭게 해준다.

(3) 대파: 29kcal(100g)

우리나라 음식의 대표적인 향신 채소로 비타민 C가 많고, 겨울철 면역력 강화에 효과적이다.

① 채소 선택 요령

잎 부분이 색이 분명하고, 고르게 녹색을 띠며, 줄기가 두껍고 탄력이 있으며, 흰 부분이 길고 단단한 것이 좋다. 대파의 잎이 너무 노랗거나 시들면 좋지 않다.

② 활용법

향신 채소로서 다양하게 요리의 부재료로 활용되고, 육수를 끓일 때 시원한 맛을 내는 데 많이 사용한다.

③ 음식 궁합

된장과 잘 어울리며 장아찌로도 이용하면 좋다. 국물의 요리나 육수의 부재료로 이용하고 양념류에도 많이 사용한다.

(4) 쪽파: 27kcal(100g)

소화를 돕고 감기 예방에 좋으며, 대파보다 맛이 순하고 겨  울철 김장에 많이 사용된다.

① 채소 선택 요령

잎이 선명한 초록색이고, 잎과 줄기가 통통하며 단단한 것이 신선하다. 너무 얇거나 시들어 보이는 것은 피하는 것이 좋다.

② 활용법

향신 채소로 많이 활용되고 있고, 김치를 만들거나 전을 부칠 때 사용한다.

③ 음식 궁합

오징어나 맛살과 함께 섭취하면 영양도 높아진다. 고기볶음에 넣으면 부드러움과 담백함을 즐길 수 있고 다양한 양념으로 많이 사용된다.

(5) 감자: 63kcal(100g)

겨울철 보관이 쉬운 뿌리채소로, 전분은 위산과다와 손상된 위를 회복하고, 칼륨과 비타민 C가 많아 체력 보강에 좋다.

① 채소 선택 요령

껍질이 매끈하고 상처가 없는 것을 고른다. 감자가 너무 무르지 않고 단단한 것이 좋으며, 싹이 난 감자는 피해야 한다.

② 활용법

기름에 튀기거나 삶음, 굽는 등 다양하게 조리법을 활용하고 알코올과 당면의 원료로 활용된다.

③ 음식 궁합

치즈와 함께 섭취하면 감자의 부족한 지방과 단백질을 보충하며 감자의 칼륨은 버터에 함유된 나트륨의 흡수를 막아준다.

요약하기

- **계절별 채소**
- 봄: 냉이, 달래, 두릅, 쑥, 미나리, 봄동, 양배추
- 여름: 오이, 애호박, 가지, 고추, 깻잎, 옥수수, 토마토, 열무
- 가을: 고구마, 무, 연근, 토란, 브로콜리, 당근
- 겨울: 배추, 시금치, 대파, 쪽파, 감자

- **채소 고르는 요령**
- 신선도: 잎이나 줄기가 시들지 않고 색이 선명하며, 크기가 적당하고 무게감이 있는 것을 고른다.
- 표면 상태: 표면이 매끈하고 흠집이나 상처가 없는 것이 좋다. 과일의 경우 색이 고르게 분포되어 있는지 확인한다.
- 탄력성: 손으로 만졌을 때 단단하고 탄력이 있는 채소를 선택한다. 너무 무르거나 물러진 부분이 있으면 신선도가 떨어진 상태일 수 있다.

이와 같은 선택 요령을 잘 참고하면, 계절별로 신선하고 맛있는 채소를 고를 수 있다.

이처럼 계절별로 제철 채소를 활용하면 영양소가 풍부하고 신선한 맛을 즐길 수 있으며, 비용도 절감할 수 있다.

3 지역별 채소 주생산 품목

우리나라는 지역마다 토양의 특성과 기후에 따라 다양한 농산물을 재배하고 있다. 특히, 특정 채소가 주로 생산되는 지역들이 있다. 다음은 우리나라의 주요 지역별 채소 생산지다.

1) 서울 및 수도권

서울과 수도권에서는 주로 근교에서 빠르게 공급할 수 있는 엽채류가 많이 재배된다.
- 시흥, 김포: 배추, 무
- 광주: 시금치, 상추
- 포천: 감자, 고구마
- 양평: 유기농 채소, 친환경 채소
- 파주: 상추, 시금치, 배추
- 이천: 고구마, 감자
- 안성: 배추, 고추
- 남양주: 쌈 채소, 오이
- 일산: 열무

2) 강원도

강원도는 고산지대와 청정한 환경 덕분에 고랭지 농업이 발달하여 여름철 채소를 많이 생산한다.

- 평창, 태백, 강릉: 배추, 무 (고랭지 배추로 유명)
- 정선, 횡성: 감자, 옥수수, 고구마
- 춘천, 원주: 시금치, 상추, 양배추
- 영월: 고랭지 배추, 무, 옥수수

3) 충청도

충청도는 넓은 평야와 풍부한 강수량으로 다양한 농작물이 자라는 곳이다.
- 청주, 괴산: 배추, 무, 고추 (괴산 고추가 유명)
- 서산: 양파, 마늘, 배추
- 홍성: 토마토, 오이, 가지
- 보은: 대파, 마늘, 감자
- 천안, 아산: 당근, 고구마

4) 경상도

경상도는 남쪽의 따뜻한 기후와 넓은 평야 덕분에 다양한 채소를 생산한다.
- 김해, 밀양: 마늘, 양파 (밀양 마늘이 유명)
- 창원, 마산: 양배추, 브로콜리
- 의성: 마늘 (의성 마늘이 전국적으로 유명)
- 안동: 고추, 마늘, 파
- 경주: 토마토, 무, 배추
- 상주: 감자, 당근
- 대구: 배추, 상추
- 남해: 시금치 (남해 시금치로 유명)
- 울릉도: 울릉도에서 재배되는 고유의 울릉도 약초와 채소 (명이나물)
- 거제도: 고구마, 마늘
- 청도: 미나리

5) 전라도

전라도는 기후가 온화하고 비옥한 평야가 많아 고품질의 채소들이 많이 생산된다.
- 순천, 여수: 쑥갓, 시금치, 상추, 갓 (순천 갓김치가 유명)
- 고창: 고구마, 배추, 무 (고창 무는 단맛으로 유명)
- 해남: 배추, 무 (겨울철 김장용 배추의 주산지)
- 광주, 나주: 배추, 무, 감자
- 정읍: 양파, 고추
- 진도: 고구마
- 임실: 토마토, 고추

6) 제주도

제주도는 따뜻한 기후와 독특한 화산토양 덕분에 다양한 채소가 재배된다.
- 제주시: 당근, 무 (겨울철 제주 무가 유명)
- 서귀포: 감자, 양배추
- 한림: 양파, 브로콜리
- 성산: 양배추, 마늘

요약하기

- 계절별 채소

지역별 특산 농작물을 활용하면, 신선하고 질 좋은 채소를 공급할 수 있다.
- 강원도: 고랭지 채소(배추, 무, 감자)
- 충청도: 배추, 무, 고추, 마늘
- 경상도: 마늘, 양파, 토마토, 고추
- 전라도: 배추, 무, 고구마, 갓, 시금치
- 제주도: 당근, 무, 양배추

4 채소 사용 시 주의점

단체급식에서 채소를 사용할 때는 위생과 신선도를 유지하는 것이 매우 중요하다. 많은 사람에게 제공되는 식사인 만큼, 채소 사용 시 주의해야 할 점들을 정리해보면 다음과 같다.

1) 신선도 유지

(1) 제철 채소 사용

제철에 나는 신선한 채소를 사용하는 것이 좋다. 제철 채소는 영양가가 높고, 가격도 저렴하며, 신선도가 좋다.

(2) 구매 시 주의

외형이 상처나 변색 없이 깨끗한 채소를 선택하고, 가능한 한 지역 농산물이나 유기농 제품을 사용하는 것이 신선도 유지에 도움이 된다.

(3) 적절한 보관

채소는 종류에 따라 보관 방법이 다르므로, 적절한 온도와 습도를 유지해야 한다. 잎채소는 수분을 유지하기 위해 습도를 신경 써야 하고, 감자나 고구마 같은 뿌리채소는 서늘하고 어두운 곳에서 보관하는 것이 좋다.

(4) 빠른 사용

구입 후 가능한 한 빠른 시간에 사용해 신선도를 유지하는 것이 중요하다.

2) 위생 관리

(1) 철저한 세척

채소는 흙과 농약의 여분이 남을 수 있어 충분하게 씻어야 한다. 잎채소는 물에 담가 흙을 제거하고, 뿌리채소는 흐르는 물에 깨끗이 씻는다. 특히, 잎채소는 흐르는 물에 한 잎 한 잎씩 씻는 것이 중요하다.

(2) 소독

단체급식에서는 채소를 식초나 베이킹소다 등으로 소독한 후 사용하는 것이 권장된다. 특히 상추, 깻잎 등 생으로 섭취하는 채소는 더욱 철저한 세척이 필요하다.

(3) 세척 후 보관

세척한 채소는 물기를 제거한 후 보관해야 물러지거나 부패하지 않는다. 물기를 제거하지 않고 보관하면 세균이 쉽게 번식할 수 있다.

3) 손질 시 주의 사항

(1) 채소별 적절한 손질법

채소마다 적절한 손질 방법이 다르다. 예를 들어, 감자나 고구마는 껍질을 벗기기 전이나 후에 물에 담가 갈변을 막아야 하고, 시금치나 상추 같은 잎채소는 가능한 한 먹기 직전에 손질하는 것이 좋다.

(2) 교차 오염 방지

생채소와 육류, 어류 등을 손질할 때 사용하는 칼과 도마는 반드시 분리해서 사용해야 한다. 또한, 사용 후에는 칼과 도마를 철저히 세척 및 소독해 교차 오염을 방지해야 한다.

4) 보관 및 저장

(1) 저온 보관

채소는 보관 시 적절한 온도를 유지하는 것이 중요하다. 잎채소나 과일채소는 냉장 보관해야 하며, 뿌리채소는 통풍이 잘되는 서늘할 곳에서 보관하는 것이 좋다.

(2) 냉동 보관 가능 채소

양배추, 브로콜리, 시금치 등은 살짝 데쳐서 냉동 보관하면 장기간 사용할 수 있다. 다만, 냉동 보관 시 식감이 변할 수 있으므로 이를 고려해 사용한다.

(3) 보관 기간 준수

채소는 신선한 상태로 사용하는 것이 중요하므로, 장기간 보관하지 않고 가능한 한 빠르게 사용한다. 특히 상온에 보관하는 채소는 자주 확인해 상태를 점검한다.

5) 조리 시 주의사항

(1) 영양소 손실 최소화

채소는 조리 과정에서 열을 가하면 비타민과 미네랄 등의 영양소가 손실될 수 있다. 가능한 한 적절한 조리법을 사용해 영양소 손실을 최소화한다.

(2) 데치기

채소를 데칠 때는 살짝만 데쳐 색을 유지하고 영양소 손실을 줄인다. 데친 후에는 즉시 찬물에 헹궈 열기를 제거한다.

(3) 볶기

짧은 시간 동안 고온에서 빠르게 볶는 방식은 영양소 손실을 최소화할 수 있다.

(4) 찜

찜은 채소의 영양소를 최대한 보존하는 조리 방법 중 하나다. 채소를 찔 때는 가능한 한 짧은 시간 안에 조리하는 것이 좋다.

6) 알레르기 및 식중독 예방

(1) 알레르기 관리

일부 사람들은 특정 채소에 알레르기가 있을 수 있으므로, 단체급식 메뉴를 계획할 때 알레르기 유발 요인을 사전에 파악해야 한다.

(2) 식중독 예방

채소는 세균이 쉽게 번식할 수 있는 식재료이므로, 특히 여름철에는 세척과 보관에 신경 써야 하며, 샐러드처럼 생으로 제공되는 음식은 철저히 관리해야 한다.

(3) 생채소의 적절한 온도 유지

샐러드와 같이 생으로 제공되는 채소는 신선함을 유지하기 위해 제공 직전까지 냉장 보관해야 한다.

7) 잔류 농약 제거

(1) 잔류 농약

채소에는 농약 잔류 가능성이 있으므로, 세척할 때 충분히 물에 담갔다가 흐르는 물로 헹구는 과정이 필요하다.

(2) 식초나 베이킹 소다 사용

물에 약간의 식초를 넣어 채소를 담가두면 잔류 농약을 더욱더 효과적으로 제거할 수 있다. 베이킹 소다도 세척에 효과적이다.

8) 음식물 쓰레기 관리

(1) 손질 후 남는 부분 관리

채소 손질 후 남는 잔여물은 음식물 쓰레기로 처리해야 하며, 이를 효율적으로 관리할 수 있도록 쓰레기 배출 규정을 준수해야 한다.

(2) 남은 음식 처리

대량 급식에서 남은 음식물은 폐기되기 전 적절히 보관 및 처리해야 하며, 필요시 잔반을 줄이기 위한 메뉴 구성도 고려해야 한다.

이러한 주의사항을 고려하여 채소를 사용하면 단체급식에서 신선하고 위생적인 식사를 제공할 수 있다.

제2부

실습

다시물 및 채수 준비

 **국, 탕류의 팁**

* 레시피는 1인분 기준과 100인분 기준으로 조절한다.
* 국물 양에서 물의 기준은
  – 1인분은 300mL(1컵 반)
  – 100인 분량의 1인분 기준은 250mL로 예상하여 준비한다.
* 다시물은 다시멸치, 건다시마를 주로 활용한다.
* 채수용 채소는 양파, 대파, 당근, 양배추, 표고 등을 활용한다.
* 기본적으로 국물은 채수(채소 절단 작업 시 남은 채소를 모아서 우려냄)를 활용하여 사용한다.
  (냉국류 제외)
* 냉국용 물은 생수, 정수 물, 끓인 물을 사용한다.

급식에서 한식 메뉴

국, 탕

미역오이냉국
Chilled Seaweed & Cucumber Soup

여름철 입맛을 돋우고 시원하고 상큼한 냉국

 **단체급식에 응용할 팁**

* 배식시간이 길면 얼음이 녹아 국물이 싱거워질 수 있어 미리 소금물을 준비하여 조절한다.
* 대면 배식을 할 때에는 오이는 깨소금에 버무려 국그릇에 준비해 두었다가 배식하면 1인분씩 양을 조절하기 쉽고 깨소금의 낭비도 줄일 수 있다.
* 염도 4% 정도의 소금물로 얼음을 제조하여 냉국에 사용하며, 얼음이 녹으면서 간이 맞춰지므로 별도로 맛을 조절하지 않아도 된다.

미역오이냉국

	재료	1인분	100인분
주재료	오이	40g	3kg
	건미역	5g	300g(2봉)
	양파	2g	300g
	풋고추	5g	200g
	국간장	17g	1100mL(5컵)
양념류	국간장	0.5큰술	500g(2컵)
	식초	1큰술	600g(3컵)
	설탕	1작은술	400g(2.5컵)
	깨소금	1작은술	80g(1컵)
	소금	적당	
부재료	홍고추	5g	300g
	청양고추	5g	200g

🎧 **재료 준비(전처리)**

1 오이는 깨끗이 씻어 채 썰어 둔다.

2 미역은 불려서 절단한다.

3 양파, 풋고추는 곱게 채 썬다.

4 부재료는 다져둔다.

🎧 **대량 조리방법**

1 불려둔 건미역은 국간장에 버무려 준비한다.

2 준비된 냉수에 재료를 넣고 간을 맞춘다.

3 얼음을 띄워 마무리한다.

Key Point

· 냉수는 정수물을 사용하거나 끓인 물을 식혀서 사용한다.

· 부재료는 환경에 따라 조절할 수 있다.

· 단맛과 신맛을 매실액기스로 활용할 수 있다.

· 간을 할 때는 재료 입자 크기가 큰 설탕, 소금, 식초, 간장 순으로 간한다.

콩나물냉국
Chilled Bean Sprout Soup

해독작용을 하는 콩나물을 이용하여 아삭하면서 시원한 냉국

단체급식에
응용할 팁

* 배식시간이 길면 얼음이 녹아 국물이 싱거워질 수 있어 미리 소금물을 준비하여 조절한다.
* 콩나물국의 배식 원활을 위하여 배식 전에 콩나물을 건져서 국그릇에 세팅하여 국물 배식을 하면 1인 분량과 배식속도에 도움을 준다.
* 염도 4% 정도의 소금물로 얼음을 제조하여 냉국에 사용하며, 얼음이 녹으면서 간이 맞춰지므로 별도로 맛을 조절하지 않아도 된다.

콩나물냉국

	재료	1인분	100인분
주재료	콩나물	60g	5kg
	쪽파	5g	300g
	양파	5g	500g
양념류	소금	1큰술	900g(4컵)
	다진 마늘	1작은술	110g(1컵)
	통깨	0.5작은술	40g(0.5컵)
부재료	홍고추	5g	300g
	청양고추	5g	200g

🎧 재료 준비(전처리)

1 콩나물은 깨끗이 씻어서 준비한다.

2 쪽파는 손질하여 씻어 2*3cm로 잘라 준비한다.

3 양파는 곱게 채 썬다.

4 부재료는 다져둔다.

🎧 대량 조리방법

1 콩나물은 끓는 물에 삶아서 찬물에 식혀둔다.

2 콩나물 삶은 물을 깨끗이 걸러서 식혀서 사용한다.

3 준비된 냉수에 재료를 넣고 간을 맞춘다.

4 얼음을 띄워 마무리한다.

Key Point

- 콩나물 삶은 물은 최대한 활용하는 것이 향과 감칠맛을 올린다.
- 냉수는 정수물을 사용하거나 끓인 물을 식혀서 사용한다.
- 부재료는 환경에 따라 조절 가능하다.
- 배식시간이 길면 얼음이 녹아 국물이 싱거워질 수 있어 미리 소금물을 준비하여 조절한다.

우묵 냉국

Agar cold soup

깔끔하면서 시원함을 느끼는 냉국

단체급식에
응용할 팁

* 배식시간이 길면 얼음이 녹아 국물이 싱거워질 수 있어 미리 소금물을 준비하여 조절한다.
* 염도 4% 정도의 소금물로 얼음을 제조하여 냉국에 사용하며, 얼음이 녹으면서 간이 맞춰지므로 별도로 맛을 조절하지 않아도 된다.

우묵 냉국

재료		1인분	100인분
주재료	우묵	35g	3kg
	오이	10g	500g
	양파	5g	300g
	당근	3g	100g
양념류	설탕	1큰술	900g(8컵)
	소금	1작은술	400g(2컵)
	식초	2작은술	200g(1컵)
	진간장	1작은술	230g(1컵)
	통깨	0.5작은술	40g(0.5컵)
부재료	홍고추	5g	300g
	청양고추	5g	200g

재료 준비(전처리)

1 우묵은 한 번 데쳐서 사용하며 곱게 채 썰어 준비한다.
2 오이, 양파, 당근 채 썰어 준비한다.

대량 조리방법

1 국물에 밑간하고 준비된 재료를 넣고 양념하여 낸다.
2 기호에 따라 청양고추를 사용한다.

Key Point
- 냉수는 정수물을 사용하거나 끓인 물을 식혀서 사용한다.
- 부재료는 환경에 따라 조절 가능하다.
- 천사채를 소량 사용하면 씹히는 맛이 있어 좋다.

쇠고기 미역국
Beef and Seaweed Soup

부드러움에 빠지고 영양 만점의 국

단체급식에 응용할 **팁**

* 불린 미역은 최대한 잘게 절단해야 배식이 용이하다.
* 건미역을 불리기 전에 봉지에서 부숴서 불리면 칼질을 줄일 수 있다.
* 미역을 볶지 않고 참기름 넣고 버무려서 넣어도 가능하다.
* 미역은 너무 오래 불리면 풀어져서 맛이 떨어진다.

쇠고기 미역국

	재료	1인분	100인분
주재료	소 양지	30g	2kg
	건미역	10g	450g(3봉)
양념류	국간장	0.5큰술	500g(2컵)
	참기름	0,5큰술	120g(1컵)
	소금		
부재료			

🍳 재료 준비(전처리)

1 건미역은 불려서 세척하여 절단한다.

2 소 양지는 핏물 제거하여 물기를 제거한다.

🍳 대량 조리방법

1 양지와 건미역을 참기름에 볶는다.

2 국간장을 넣고 볶다가 채수를 넣고 끓인다.

3 푹 끓인 후 소금으로 간을 하고 마무리한다.

- 물은 맑은물, 쌀뜨물, 다시물, 채수 모두 사용할 수 있다.
- 매일 전처리 작업 시 나오는 부재료를 활용하여 채수를 끓여 사용한다.
- 소고기 외에 다른 재료 활용하여 메뉴 변경할 수 있다.
- 미역국에 마늘은 가급적 자제한다. (마늘 향이 미역국 고유의 맛을 줄일 수 있음)
- 불린 미역을 볶을 때 참기름과 식용유를 섞어서 사용해도 된다.

북어채국
Dried Pollack Soup

깔끔하면서 시원함을 느끼는 냉국

* 북어채를 볶지 않고 불린 북어채에 참기름을 넣고 버무려서 넣어도 된다.

북어채국

재료		1인분	100인분
주재료	북어채	20g	1kg
	무	40g	3kg
	두부	30g	3kg(1판)
	팽이버섯	20g	750g(5봉)
	대파	15g	500g
	다시마	3g	100g
양념류	다진 마늘	1작은술	110g(1컵)
	참기름	1작은술	120g(1컵)
	국간장	0.5큰술	600g(2컵)
	새우젓	1작은술	240g(1컵)
	소금		
	후추		
부재료	홍고추	5g	300g
	청양고추	5g	200g

🎧 재료 준비(전처리)

1 북어채는 씻어서 체에 밭쳐두면 붇는다.

2 무는 나박 썰고, 두부는 깍둑 썬다.

3 팽이버섯은 반으로 잘라 둔다.

4 대파는 어슷썰기 한다.

🎧 대량 조리방법

1 북어 머리와 다시마로 다시물을 준비한다.

2 북어채는 참기름 두르고 볶고 다시물 넣고 끓인다.

3 무, 두부 넣고 끓인 후 간장, 새우젓으로 간을 맞춘다.

4 팽이, 대파 넣고 한소끔 끓여 마무리한다.

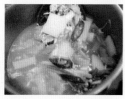

• 북어 머리를 제외하고 채수를 활용해도 된다.

• 기호에 따라 달걀, 콩나물, 고춧가루 넣고 끓여도 된다.

만둣국
Dumpling Soup

속이 궁금하게 만드는 맑고 시원한 맛

단체급식에
응용할 팁

* 대량 조리 시 만둣국을 끓일 때는 만두를 찌거나 국물에 끓여 건져서 국그릇에 세팅하여 국물 배식하는 것이 용이하다. (단점: 만두가 차가워질 수 있어 주의 →배식 과정에서 만두의 부서짐과 국물의 혼탁을 막을 수 있음)
* 김가루를 넣으면 맛은 좋지만, 국물이 혼탁하여 세팅에 올리거나 조금씩 넣어 사용한다.

만둣국

	재료	1인분	100인분
주재료	만두	60g	5kg(5봉)
	달걀	1개	30개(1판)
	대파	5g	500g
	다시멸치	5g	300g
	건다시마	3g	50g
양념류	국간장	1작은술	230g(1컵)
	다진 마늘	1작은술	110g(1컵)
	소금		
	후추		
부재료	김가루		

재료 준비(전처리)

1 달걀은 황백으로 분리한다.

2 대파는 어슷 썰어 둔다.

대량 조리방법

1 다시물을 끓여 둔다.

2 달걀은 황백 지단으로 준비한다.

3 다시물에 만두 넣고 끓여 양념하여 대파 넣고 끓여 김가루, 달걀지단을 올려 마무리한다.

Key Point

• 달걀은 국물에 풀어서 사용 가능하다.

• 색상을 위해 당근, 시금치 등을 데쳐서 사용 가능하다.

얼갈이국

Young Summer Radish Soup

영양이 풍부하고 부드러우면서 구한만 맛

단체급식에 응용할 팁

* 된장이 들어가는 국이나 찌개류에 설탕을 조금 넣으면 다시물의 진한 맛을 느낄 수 있다.

얼갈이국

	재료	1인분	100인분
주재료	얼갈이	80g	6kg
	건다시마	3g	50g
	다시멸치	10g	300g
양념류	된장	2작은술	800g(4컵)
	고춧가루	1작은술	80g(1컵)
	국간장	1작은술	230g(1컵)
	다진 마늘	1작은술	110g(1컵)
부재료	홍고추	5g	300g
	청양고추	5g	200g

재료 준비(전처리)

1 얼갈이(단배추)는 세척하여 데쳐서 절단한다.
2 다시물을 끓여서 준비한다.

대량 조리방법

1 다시물을 끓여 준비된 단배추를 된장에 버무려서 넣는다.
2 국간장을 넣고 푹 끓여 소금으로 간한다.
3 고춧가루, 마늘을 넣고 끓여 마무리한다.
4 부재료는 다져서 첨가한다.

- 국물에 콩가루를 넣어서 사용해도 된다.
- 고춧가루 대신 고추장을 조금 넣어도 된다.
- 얼갈이 대신 시래기류를 활용할 수 있다.

쇠고깃국
Beef Soup

얼큰한 맛과 시원한 맛이 함께 일품인 쇠고깃국

단체급식에
응용할 팁

* 대파를 많이 사용하면 더 맛이 좋다.
* 고춧가루를 넣어 볶기보다 끓어오를 때 넣어 주면 더 시원한 맛이 난다.
* 대량 조리 시 액젓을 소량 사용하면 감칠맛이 난다.

쇠고깃국

재료		1인분	100인분
주재료	소 사태	30g	2.5kg
	무	50g	4.5kg
	콩나물	30g	3kg
양념류	다진 마늘	1큰술	220g(2컵)
	국간장	1큰술	1kg(4컵)
	고춧가루	1큰술	400g(5컵)
	참기름	1작은술	50g(0.5컵)
	소금		
	후추		
부재료	대파	5g	500g

🎧 재료 준비(전처리)

1 소고기는 핏물을 제거한다.

2 무는 얇은 어슷한 모양으로 썰어 준비한다.

🎧 대량 조리방법

1 사태, 참기름, 다진 마늘, 국간장을 넣어 볶아준다.

2 무와 고춧가루를 넣어 볶아준다.

3 물을 넣어 끓여준다.

4 대파를 넣어 마무리한다.

Key Point

• 사태는 양념을 넣어 충분히 볶아 준다.

• 무를 넣고 무가 투명해질 때까지 볶아 무에서 시원한 맛을 우러나오도록 한다.

• 대파를 많이 사용하는 것을 권한다.

된장찌개
Soybean Paste Stew

누구나 좋아하지만, 급식에서는 자주 먹는 건 원하지 않는 찌개

단체급식에
응용할 **팁**

* 집된장은 오래 끓이면 아미노산이 우러나 좋은 맛을 내나 시판용 된장은 오래 끓이면 신맛이 난다.

된장찌개

	재료	1인분	100인분
주재료	두부	50g	3kg(1판)
	감자	30g	3kg
	표고	10g	1kg
	호박	30g	2kg
	풋고추	10g	600g
	대파	10g	300g
	다시멸치	10g	300g
	다시마	10*10	50g
양념류	된장	1큰술	1kg(5컵)
	고춧가루	1작은술	80g(1컵)
	다진 마늘	1작은술	110g(1컵)
	소금		
부재료	홍고추	5g	300g
	청양고추	5g	200g

🎧 재료 준비(전처리)

1 재료는 손질하여 깍둑썰기로 준비한다.

2 다시물을 준비한다.

🎧 대량 조리방법

1 다시물이 끓으면 된장을 풀어서 끓이고 감자, 표고 넣고 끓인다.

2 감자가 익으면 두부, 호박, 풋고추 넣고 끓여 고춧가루 넣고 다진 마늘, 대파 넣고 소금으로 간을 마무리한다.

3 기호에 따라 부재료를 넣는다.

Key Point

• 고춧가루 대신 고추장으로 활용할 수 있다.

• 재료는 계절에 맞게 활용할 수 있다.

제육김치찌개
Pork and Kimchi Stew

누구나 쉽게 끓이고 실패가 적지만 맛 내기 힘든 찌개

단체급식에
응용할 팁

* 김치의 숙성이 중요해 숙성도가 낮으면 식초를 첨가하여 끓이기도 한다.
* 찌개가 끓여지면 불을 낮추어 오래 끓이면 김치도 부드럽고 국물이 진하게 우러난다.

제육김치찌개

재료		1인분	100인분
주재료	배추김치	150g	1.2kg
	돼지 목살	30g	2kg
	두부	30g	3kg(1판)
	양파	15g	1kg
	대파	10g	500g
	다시마	3g	50g
양념류	고춧가루	1큰술	250g(3컵)
	국간장	1작은술	230g(1컵)
	다진 마늘	1작은술	110g(1컵)
	청주	1작은술	300g(1.5컵)
	설탕	0.5작은술	200g(1.5컵)
	식용유	0.5작은술	180g(1컵)
	참기름	0.5작은술	120g(1컵)
부재료	청양고추	5g	200g

🎧 재료 준비(전처리)

1 배추김치는 속을 제거한 후 4cm로 절단한다.

2 돼지고기는 핏물 제거 후 절단한다.

3 두부는 3*4*1cm로 절단한다.

4 양파는 채 썰고, 대파는 어슷 썬다.

5 다시마+채수를 준비한다.

🎧 대량 조리방법

1 팬에 식용유, 참기름 넣고 고기를 볶는다.

2 배추김치, 고춧가루 넣고 볶는다.

3 채수를 넣고 끓여 양념류를 넣고 푹 끓인다.

4 두부, 대파를 넣고 마무리한다.

- 채수는 전처리 작업 시 나오는 채소들로 끓인다.
- 돼지고기 대신 다른 주재료를 활용하여 김치찌개 활용한다.
- 찌개에 떡국떡, 만두, 버섯류 등을 곁들여 내기도 한다.
- 김치 자체에 양념이 있어 양념을 많이 넣지 않아도 된다.

순두부찌개
Soft Bean Curd Stew

매콤하면서 부드러운 영양 많은 찌개

단체급식에 응용할 팁

* 순두부 자체에 물이 많아 일반 국물보다 물양을 줄여야 한다.
* 돼지고기 대신 해물 순두부로 메뉴 변경 가능하다. (식단에 따라 단백질이 부족하면 돼지고기,
  칼로리가 많을 경우는 해물로 조정)

순두부찌개

재료		1인분	100인분
주재료	순두부	200g	10kg
	돼지고기 민찌	30g	2kg
	김치	100g	10kg
	풋고추	10g	500g
	대파	10g	500g
	달걀	1개	2판
양념류	고춧가루	1.5큰술	500g(6컵)
	식용유	1큰술	360g(2컵)
	국간장	0.5큰술	500g(2컵)
	다진 마늘	1큰술	220g(2컵)
	참기름	1작은술	50g(0.5컵)
	소금		
	후추		
부재료	홍고추	5g	300g
	청양고추	5g	200g

🎧 재료 준비(전처리)

1 김치는 잘게 잘라 준비한다.

2 풋고추, 대파는 어슷 썰어 준비한다.

3 채수를 준비한다.

🎧 대량 조리방법

1 팬에 식용유 넣고 고춧가루 넣어 고추기름 향을 내어 돼지고기를 볶는다.

2 김치를 볶다가 채수를 넣고 끓인다.

3 순두부 넣고 한소끔 끓으면 간을 하고 풋고추, 대파 넣고 달걀을 올려 마무리한다.

Key Point

• 김치를 넣지 않고 다른 재료들을 활용해 끓일 수도 있다.

• 고추기름을 사용해도 된다.

• 맑은 순두부찌개를 활용할 수 있다.

부대찌개
Budaejjigae

동서양의 맛이 만나 어우러진 맛

단체급식에 응용할 팁

* 면류(라면, 우동, 당면, 마카로니)를 넣어 끓여도 가능하다.

부대찌개

재료		1인분	100인분
주재료	김치	60g	5kg
	소시지	50g	3kg
	햄	50g	3kg
	돼지고기	30g	3kg
	떡국떡	20g	2kg
	양파	20g	1kg
	당근	20g	500g
	대파	15g	500g
	다시 멸치	10g	500g
	다시마	3g	50g
양념류	고춧가루	1큰술	400g(5컵)
	고추장	1큰술	1kg(5컵)
	국간장	1큰술	1kg(4컵)
	다진 마늘	1큰술	220g(2컵)
	다진 생강	1작은술	50g(0.5컵)
	액젓	1작은술	200g(1컵)
	소금		
	후추		
부재료	청양고추	5g	

🥄 재료 준비(전처리)

1 김치는 4cm로 잘라 준비한다.

2 당근은 골패형, 양파, 대파는 굵은 채로 준비한다.

3 소시지는 어슷 썰고, 햄은 납작하게 준비한다.

4 다시물을 준비한다.

5 양념장을 만들어 둔다.

🥄 대량 조리방법

1 준비된 재료들을 냄비에 돌려가며 담고 양념장을 올린다.

2 준비된 다시물을 부어서 끓인다.

Key Point

• 국물이 졸아들어 짜질 수 있으니 국물은 여유 있게 준비한다.

• 멸치 다시국물 대신 사골국물을 활용할 수 있다.

차돌박이짜글이
Beef Brisket Soybean Paste Stew

매콤하면서 재료가 넉넉한 맛

단체급식에
응용할 팁

* 짜글이 메뉴이지만 국 대용으로 배식할 때에는 국물량을 넉넉히 준비해야 한다.

차돌박이짜글이

	재료	1인분	100인분
주재료	차돌박이	30g	3kg
	감자	50g	3kg
	양파	20g	2kg
	대파	10g	500g
	호박	20g	2kg
	무	10g	1kg
	두부	30g	3kg(1판)
	다시멸치	5g	500g
	건다시마	3g	50g
양념류	고춧가루	1큰술	400g(5컵)
	된장	1큰술	800g(4컵)
	국간장	1작은술	220g(1컵)
	다진 마늘	1큰술	220g(2컵)
	소금		
	후추		
부재료	청양고추	5g	300g

🎧 재료 준비(전처리)

1 채소는 깍둑형으로 썰어 준비한다.

2 다시물을 준비한다.

🎧 대량 조리방법

1 차돌박이를 먼저 마늘 넣고 볶는다.

2 다시물을 넣고 끓으면 감자, 무 넣고 끓인다.

3 된장, 고추장, 고춧가루 넣고 끓인다.

4 양파, 호박, 두부 넣고 끓여 소금, 후추로 간을 하고 대파 넣고 마무리한다.

Key Point

• 차돌박이 외 다른 고기를 넣고 끓여도 무방하다.

• 차돌박이는 기름이 많으니 볶을 때 기름을 두르지 않는다.

호박고추장찌개
Red Chilli Paste Pumpkin Stew

채소의 어울림과 매운맛의 조화

**단체급식에
응용할 팁**

＊ 고추장을 너무 많이 사용하면 텁텁한 맛과 단맛이 많이 나니 조심한다.

호박고추장찌개

재료		1인분	100인분
주재료	호박	50g	5kg
	무	30g	3kg
	두부	30g	3kg(1판)
	양파	20g	2kg
	풋고추	10g	500g
	대파	10g	500g
	다시멸치	10g	500g
	건다시마	3g	50g
양념류	고추장	2큰술	2kg(10컵)
	고춧가루	1작은술	80g(1컵)
	국간장	1작은술	230g(1컵)
	다진 마늘	1작은술	110g(1컵)
	소금		
	후추		
부재료	청양고추	5g	

🎧 재료 준비(전처리)

1 호박은 반달모양, 무, 양파는 나박썰기, 대파, 고추는 어슷썰기 하여 준비한다.

2 다시물을 준비한다.

🎧 대량 조리방법

1 다시물에 고추장, 고춧가루, 국간장을 넣고 끓인다.

2 무 넣고 끓여 두부, 양파, 호박 넣고 끓인다.

3 소금, 후추로 간을 하고 대파 넣고 마무리한다.

4 매운맛을 원하면 청양고추를 첨가한다.

- 다시물을 준비할 때 채수를 함께 이용하면 더욱 깊은 맛이 난다.
- 국간장 대신 된장을 조금 넣어도 감칠맛이 깊어진다.

호박고추장찌개

재료		1인분	100인분
주재료	호박	50g	5kg
	무	30g	3kg
	두부	30g	3kg(1판)
	양파	20g	2kg
	풋고추	10g	500g
	대파	10g	500g
	다시멸치	10g	500g
	건다시마	3g	50g
양념류	고추장	2큰술	2kg(10컵)
	고춧가루	1작은술	80g(1컵)
	국간장	1작은술	230g(1컵)
	다진 마늘	1작은술	110g(1컵)
	소금		
	후추		
부재료	청양고추	5g	

🎧 재료 준비(전처리)

1 호박은 반달모양, 무, 양파는 나박썰기, 대파, 고추는 어슷썰기 하여 준비한다.

2 다시물을 준비한다.

🎧 대량 조리방법

1 다시물에 고추장, 고춧가루, 국간장을 넣고 끓인다.

2 무 넣고 끓여 두부, 양파, 호박 넣고 끓인다.

3 소금, 후추로 간을 하고 대파 넣고 마무리한다.

4 매운맛을 원하면 청양고추를 첨가한다.

Key Point

- 다시물을 준비할 때 채수를 함께 이용하면 더욱 깊은 맛이 난다.
- 국간장 대신 된장을 조금 넣어도 감칠맛이 깊어진다.

불고기전골
Bulgogi stew

불고기와 버섯의 맛을 느끼는 진한 국물 맛

단체급식에
응용할 **팁**

* 국그릇에 배식 시 재료 양은 반으로 줄인다.

불고기전골

재료		1인분	100인분
주재료	소 양지	100g	10kg
	호박	30g	3kg
	양파	20g	2kg
	배추	30g	5kg
	숙주	20g	2kg
	느타리버섯	20g	2kg
	대파	20g	2kg
	무	30g	3kg
	팽이버섯	30g	3kg
	다시멸치	20g	1kg
	건다시마	3g	100g
양념류	국간장	1큰술	1000g(4컵)
	진간장	1큰술	1000g(4컵)
	설탕	1작은술	400g(2.5컵)
	참기름	1작은술	50g(0.5컵)
	다진 마늘	1큰술	220g(2컵)
	소금		
	후추		
부재료	쑥갓	5g	
	당면	10g	
	청양고추	5g	

🍴 재료 준비(전처리)

1 호박, 배추, 무, 대파는 납작하게 썰어 둔다.

2 양파는 굵게 채 썰고, 느타리는 찢어서, 숙주는 다듬어 둔다.

3 소고기는 불고기 양념하여 준비한다.

4 당면은 불려두고 쑥갓은 잎만 준비한다.

5 전골육수는 다시멸치, 다시마로 내고 국간장, 소금으로 간한다.

🍴 대량 조리방법

1 전골냄비에 준비된 채소를 가장자리로 돌려 담는다.

2 소 양지는 중간에 놓고 육수를 부어 끓인다.

3 한소끔 끓이고 당면, 쑥갓을 넣고 끓인다.

Key Point

• 불고기용 고기는 여러 부위를 써도 된다.

• 채소도 다양하게 사용 가능하다.

• 당면 외에 다른 면류도 사용할 수 있다.

동태 매운탕
Pollack Soup

시원한 국물맛이 일품인 진한 맛

단체급식에
응용할 **팁**

* 배식 시에 생선의 부서짐을 줄이기 위해 그릇에 생선을 세팅하여 배식하는 방법도 있다.

동태 매운탕

재료		1인분	100인분
주재료	동태	140g	15kg
	무	30g	3kg
	양파	20g	1kg
	대파	5g	300g
	홍고추	3g	200g
	호박	20g	2kg
	미나리	5g	500g
	쑥갓	5g	500g
양념류	다진 마늘	1큰술	220g(2컵)
	다진 생강	1작은술	50g(0.5컵)
	청주	1작은술	200g(1컵)
	고춧가루	0.5큰술	300g(3.5컵)
	고추장	0.5큰술	600g(3컵)
	국간장	1작은술	1000g(4컵)
	소금		
	후추		
부재료	청양고추	5g	

🥄 재료 준비(전처리)

1 동태는 손질 후 토막 내어 준비한다.

2 무는 나박썰기, 호박은 반달썰기 한다.

3 양파는 굵은 채, 대파, 고추는 어슷썰기로 준비한다.

4 미나리, 쑥갓은 다듬어 둔다.

5 채수를 준비하여 끓인다.

🥄 대량 조리방법

1 준비된 채수에 국간장, 고춧가루 넣고 끓인다.

2 동태와 무를 넣고 끓여 재료가 익으면 양념하여 간을 한다.

3 호박, 양파를 넣고 한번 끓이고 고추, 미나리 쑥갓 넣고 마무리한다.

Key Point

• 양념장을 만들어 국물에 풀어서 사용하는 방법도 있다.

• 국간장 대신 된장을 조금 사용해도 된다.

• 동태 대신 다른 생선류를 사용해도 된다.

• 콩나물, 두부를 사용하여 끓이는 방법도 있다.

추어탕
Loach Soup

보양식으로 영양이 풍부하고 다이어트에 좋은 음식

단체급식에 응용할 팁

* 미꾸라지는 해감을 잘해야 미끈거리지 않고 특유의 비린내를 제거할 수 있다.
* 소금으로 해감 후에 뜨거운 물로 샤워한 후 삶으면 비린내를 줄인다.

추어탕

	재료	1인분	100인분
주재료	미꾸라지	50g	4kg
	단배추	80g	6kg
	느타리버섯	30g	2kg
	고사리	10g	1kg
	숙주	50g	5kg
	대파	15g	1kg
	홍고추	10g	1kg
	풋고추	10g	500g
	들깻가루	5g	500g
양념류	된장	1큰술	500g(2.5컵)
	국간장	1큰술	1kg(4컵)
	고춧가루	1큰술	400g(5컵)
	다진 마늘	1큰술	300g(3컵)
	다진 생강	1작은술	40g(0.5컵)
	소금		
	후추		
부재료	산초가루		
	방아잎	2g	300g
	청양고추	5g	300g

🎧 재료 준비(전처리)

1 미꾸라지는 굵은 소금을 넣어 진액을 제거하여 된장을 조금 넣고 푹 끓여 소쿠리에 받쳐서 으깨어 국물을 준비한다.

2 단배추, 느타리, 고사리, 숙주는 세척 후 데쳐서 손질한다.

3 대파는 송송 홍고추, 풋고추는 다져둔다.

🎧 대량 조리방법

1 준비된 미꾸라지 국물을 끓여 데쳐서 준비한 재료를 넣고 푹 끓인다.

2 국물이 푹 끓여지면 양념을 하여 끓인다.

3 간을 한 후 들깻가루 넣고 마무리한다.

4 기호에 따라 청양, 산초가루, 방아잎을 넣는다.

• 미꾸라지 대신 참치캔, 고등어로도 메뉴를 개발할 수 있다.

• 장어를 이용하여 추어탕 형식으로 끓이는 방법도 있다.

닭곰탕

Chicken Soup

맑은 닭 국물을 이용한 담백한 국물맛

단체급식에
응용할 **팁**

> ∗ 통닭을 주로 이용하지만 닭발(닭뼈)로 육수를 내고 닭가슴살을 삶아서 이용할 수 있다.

닭곰탕

재료		1인분	100인분
주재료	닭	150g	12kg(10마리)
	닭발	50g	3kg
	무	40g	3kg
	대파	10g	1kg
	당면	10g	1kg(1봉)
	양파	5g	500g
	달걀	20g	3판
	건다시마	3g	50g
양념류	다진 마늘	0.5큰술	200g(2컵)
	소금		
	후추		
부재료			

🔊 재료 준비(전처리)

1 닭은 삶아서 살을 찢어 놓는다.

2 닭발은 푹 끓여 국물을 준비하고 다시마를 넣고 우려내고 거품과 기름기를 제거해 둔다.

3 무는 나박썰기하여 준비하고 양파는 채썰고, 대파는 송송 썰어 둔다.

4 달걀은 지단을 부치고, 당면은 물에 불려 준비한다.

🔊 대량 조리방법

1 끓인 닭 육수에 무를 넣고 끓이다가 찢어 둔 닭살을 넣고 끓인다.

2 다진 마늘 넣고 소금, 후추로 간을 하고 당면과 지단을 올려서 마무리한다.

• 닭을 토막 내어 닭곰탕으로 이용하기도 한다.

삼계탕
Ginseng Chicken Soup

영양 보양식으로 몸보신에 최고의 음식

단체급식에 응용할 팁

＊ 대량 급식에서는 삶은 닭을 따로 건져서 그릇에 세팅하여 국물을 올려서 배식한다.

삼계탕

재료		1인분	100인분
주재료	영계	500g	100마리
	찹쌀	40g	4kg
	건대추	5g	500g
	수삼	15g	1.5kg
	은행	10g	1kg
	생율	20g	2kg
	깐 마늘	10g	1kg
	닭뼈	100g	3kg
	대파	10g	1kg
	생강	1g	50g
양념류	통후추		
	볶은 소금		
	후추		
부재료	월계수잎		

🎧 재료 준비(전처리)

1 영계는 세척하여 꼬리, 날개 끝부분을 잘라낸다.
2 속 재료들을 세척하여 다듬어 두고 찹쌀은 씻어 불려둔다.
3 닭뼈로 닭 육수를 준비한다.
4 대파는 송송 썰어서 준비한다.

🎧 대량 조리방법

1 손질된 닭 속에 준비된 재료들을 채운다.
2 속 재료가 빠져나오지 않게 다리를 비틀어서 꼬아 마무리 작업을 한다.
3 닭 육수에 속을 채운 닭을 삶는다.
4 속을 채우고 남은 재료도 국물에 넣고 끓인다.

• 영계의 크기는 영업장의 고객 맞춤의 크기로 조정한다.
• 닭 국물을 맑게도 하지만 찹쌀을 조금 넣고 밥알이 조금 보이게도 한다.

육개장
Spicy Beef Soup

채소 넣고 매콤한 맛을 낸 소고깃국

단체급식에
응용할 팁

* 고사리, 토란은 뜨거운 물에 담가 두거나 한번 데쳐서 아린 맛을 제거해야 깔끔한 국물 맛을 낸다.

육개장

	재료	1인분	100인분
주재료	소 양지	30g	3kg
	고사리	10g	1kg
	토란	5g	500g
	단배추	80g	6kg
	숙주	50g	5kg
	느타리	30g	2kg
	무	20g	2kg
	대파	15g	1kg
양념류	다진 마늘	1큰술	220g(2컵)
	국간장	1큰술	1kg(4컵)
	고춧가루	1큰술	400g(5컵)
	참기름	1작은술	50g(0.5컵)
	소금		
	후추		
부재료			

🔲 재료 준비(전처리)

1 무는 나박 썰어서 준비한다.

2 채소는 모두 데쳐서 준비한다.

3 대파는 굵은 채썰기 하여 준비한다.

4 고기는 핏물을 제거하여 준비한다.

5 채수를 끓여 준비한다.

🔲 대량 조리방법

1 소고기는 참기름에 볶은 후 고춧가루를 볶아 색깔을 입힌다.

2 채수를 넣고 고기가 무르도록 끓이고 무와 데친 채소를 넣고 푹 끓인다.

3 국물에 간을 맞추고 대파를 올려 마무리한다.

Key Point

- 고추기름을 첨가하여 끓이는 방법도 있다.
- 소고기를 푹 삶아서 찢어서 사용하기도 한다.
- 국물에 달걀을 풀어서 내기도 한다.

뼈다귀 해장국
Bone Hangover Soup

돼지등뼈를 넣고 푸짐하게 즐기는 맛

단체급식에
응용할 팁

* 돼지등뼈 대신 살을 이용하여 뼈 없는 해장국으로 활용한다.
* 대량 조리에서는 등뼈와 감자를 세팅하고 국물에 우거지를 넣어서 배식하는 방법을 이용한다.

뼈다귀 해장국

	재료	1인분	100인분
주재료	돼지 등뼈	200g	20kg
	감자	50g	5kg
	단배추	80g	6kg
	청양고추	5g	300g
	홍고추	5g	300g
	대파	10g	1kg
	깻잎	10g	500g
양념류	다진 마늘	1큰술	220g(2컵)
	다진 생강	1작은술	50g(0.5컵)
	된장	1작은술	400g(2컵)
	청주	1큰술	600g(3컵)
	고춧가루	1작은술	80g(1컵)
	국간장	1큰술	1kg(4컵)
	들깻가루	1큰술	500g
	소금		
	후추		
부재료			

🎧 재료 준비(전처리)

1 돼지등뼈는 핏물을 제거하여 푹 삶아서 준비하고 삶은 국물을 체에 받쳐둔다.

2 감자는 돼지등뼈 국물에 삶아 건져 낸다.

3 단배추는 데쳐서 이용한다.

4 고추, 대파는 어슷 썰고 깻잎은 채 썰어 둔다.

🎧 대량 조리방법

1 등뼈 국물에 우거지를 넣고 푹 끓이고 양념류를 넣고 삶은 등뼈, 감자를 넣고 끓인다.

2 고추와 깻잎, 대파를 넣고 들깻가루를 뿌려서 마무리한다.

Key Point

• 단배추 대신 무청, 배추, 신김치 등 활용한다.

• 건더기의 양을 고려하여 콩나물을 사용하기도 한다.

급식에서 한식 메뉴
주반찬

돼지고기불고기
Stir-fried Pork

간장 양념을 이용하여 볶는 요리

단체급식에
응용할 **팁**

* **고기와 야채의 비율에 따라 간장양을 조절**
  고기(10kg) : 야채(10kg) = 고기(10kg) :
  간장(1kg) = 저단가 급식점
  고기(10kg) : 야채(5kg) = 고기(10kg) :
  간장(0.8kg) = 중단가 급식점
  고기(10kg) : 야채(1kg) = 고기(10kg) :
  간장(0.6kg) = 고단가 급식점, 학교급식
* **가스솥**
  장점 : 강한 불맛으로 맛이 좋고 수분 발생을
  최소화할 수 있다.
  단점 : 불이 강하기 때문에 타거나 간이 강해
  질 수 있다.

* **스팀솥**
  장점 : 빠른 조리가 가능하고 타지 않으며 대
  량 조리 시 가스솥 보다 유리하다.
  단점 : 가열 온도가 낮아 수분 발생이 많고 고
  기가 질겨질 수 있다.
* 대량 조리 시에는 채소로 양 조절이 가능하
  고 불고기 양념에 물을 첨가하지 않는다.
* 채소는 미리 살짝 볶아 두었다가 마무리 시
  섞어주면 색 유지가 좋다.

돼지고기불고기

	재료	1인분	10kg
주재료	돼지 앞다리	150g	10kg
	진간장	1큰술	1L(0.5바가지)
	설탕	1작은술	200g(2컵)
양념류	물엿(조청)	1작은술	450g(1.5컵)
	미림(청주)	1작은술	300g(1.5컵)
	다진 마늘	1작은술	130g(1컵)
	다진 생강	0.5작은술	40g(0.5컵)
	참기름	1작은술	250g(2컵)
	후춧가루	적당량	
	통깨	적당량	120g(1컵)
	식용유	1큰술	2컵
부재료	양파	0.5개	3kg
	당근	15g	1kg
	양배추	100g	5kg
	대파	1/4토막	400g

🎧 재료 준비(전처리)

1 채소는 굵은 채로 절단하여 준비한다.

2 돼지고기는 주스(키위즙, 파인애플), 설탕, 미림에 미리 30분간 재워둔다.

🎧 대량 조리방법

1 절여둔 고기에 진간장, 물엿, 생강, 마늘, 후추, 참기름 넣고 고루 버무려 볶는다.

2 고기가 익으면 준비해둔 채소를 단단한 것부터 넣어 마무리한다.

🎧 조리 완료 양

* 돼지고기 10kg을 이용하여 조리하면

1 자율배식 60인분, 대면배식 80인분

2 호텔팬 4인치 70%, 3팬 정도

• 돼지고기를 양념에 재워놓을 때는 간장은 볶기 전에 넣어야 육질의 질겨짐(표면 응고)을 방지할 수 있고 적당량을 남겨 볶는 도중에 볶음솥 주위를 돌려서 불맛을 살릴 수 있다.

• 간장의 양을 줄이고 굴 소스를 첨가하여 조리 가능하다.

• 키위즙이나 파인애플즙이 없으면 과일 주스 활용 가능하다.

• 버섯류, 파프리카, 고추, 깻잎을 활용하여 메뉴를 변형할 수 있다.

• 고기를 볶을 때 너무 자주 저어주면 고기의 부서짐이 많고 너무 젓지 않으면 덩어리가 질 수 있다. (70~80% 정도 익으면 고기를 덩어리지지 않도록 잘 저어준다)

삼겹살 고추장 불고기
Red Chili Paste Pork Belly

기름기가 도는 삼겹살을 이용하여 고추장 양념에 볶아 먹는 요리

단체급식에 응용할 팁

* **간장 사용량과 고추장 사용량에 대한 계산법**

  고기(10kg) : 간장(1kg) = 간장(650g) : 고추장(1,050g) = 저단가 급식점

  고기(10kg) : 간장(0.8kg) = 간장(550g) : 고추장(750g) = 중단가 급식점

  고기(10kg) : 간장(0.6kg) = 간장(400g) : 고추장(600g) = 고단가 급식점, 학교 급식

* 불이 너무 약하면 물이 많이 생기니 강한 불로 볶는다.

* 소량으로 볶을 경우는 양념을 미리 섞어 볶지만, 대량으로 볶을 때 눌지 않게 하려면 고추장, 고 춧가루는 고기가 80% 정도 익은 다음 넣는다.

삼겹살 고추장 불고기

	재료	1인분	10kg
주재료	삼겹살	150g	10kg
	고춧가루	2큰술	700g(9컵)
	고추장	1큰술	1.2kg(4컵),0.6바가지
	진간장	0.5큰술	480mL(2컵)
	설탕	1작은술	200g(2컵)
양념류	물엿	1작은술	450g(1.5컵)
	미림(청주)	0.5큰술	400g(2컵)
	다진 마늘	0.5큰술	180g(1.5컵)
	다진 생강	0.5작은술	40g(0.5컵)
	참기름	1작은술	250g(2컵)
	후춧가루	적당량	
	통깨	적당량	120g(1컵)
	식용유	1큰술	2컵
부재료	양파	0.5개	3kg
	당근	10g	0.7kg
	양배추	100g	5kg
	대파	1/4토막	400g

🍴 재료 준비(전처리)

1 채소는 굵은 채로 절단하여 준비한다.

2 돼지고기는 주스(키위즙), 설탕, 미림, 마늘, 생강에 미리 30분간 재워둔다.

🍴 대량 조리방법

3 1차 절여둔 고기에 진간장, 물엿, 생강, 마늘, 후추, 참기름 넣고 고루 버무려 볶는다.

4 삼겹살이 어느 정도 익으면 고추장, 고춧가루 넣고 볶는다.(눌음 방지)

5 고기가 익으면 준비해둔 채소를 단단한 것부터 넣어 마무리한다.

🍴 조리 완료 양

＊ 돼지고기 10kg을 이용하여 조리하면

1 자율배식 60인분, 대면배식 80인분

2 호텔팬 4인치 70%, 3팬 정도

Key Point

• 간장량을 줄이고 굴 소스를 첨가하여 조리가능하며, 고추장 대신 두 반장 활용할 수 있다.

• 볶음 요리에는 고추장 : 고춧가루 (1 : 2~3 비율)로 하면 텁텁한 맛을 줄인다.

• 부재료는 업장에 따라 변동 및 추가 가능하다.

• 오징어, 낙지주꾸미 등을 활용하여 메뉴 변경 가능하다.

• 해물을 활용할 때에는 살짝 데쳐서 마지막에 넣으면 물 생김이 적다.

소불고기
Bulgogi

한국의 대표 음식인 불고기 만들기

단체급식에
응용할 **팁**

* 돼지고기불고기의 양념 비율을 참고한다.
* 대량 조리에서는 채소로 양을 조절할 수 있으므로 불고기 양념에 물을 첨가하지 않는다.
* 고기가 부드럽고 부서지기 쉬운 관계로 채소를 커팅 시 얇게 썰어 빨리 익도록 한다.
* 채소는 미리 살짝 볶아 두었다가 마무리 시 섞어주면 색 유지가 좋다.
* 고기를 부드럽게 하기 위해 과일을 사용할 경우 키위, 파인애플 이외에 손쉽게 구할 수 있는 한
  국의 과일 중에서 소:배, 돼지:사과를 이용하면 좋다.

소불고기

	재료	1인분	10kg
주재료	소고기	150g	10kg
	진간장	1큰술	1L(0.5바가지)
	설탕	1작은술	200g(2컵)
양념류	물엿	1작은술	450g(1.5컵)
	미림(청주)	0.5큰술	400g(2컵)
	다진 마늘	0.5큰술	180g(1.5컵)
	참기름	1작은술	250g(2컵)
	후춧가루	적당량	
	통깨	적당량	120g(1컵)
	식용유	1큰술	2컵
부재료	양파	0.5개	3kg
	당근	15g	1kg
	양배추	100g	5kg
	대파	1/4토막	400g

🎧 재료 준비(전처리)

1 채소는 굵은 채로 절단하여 준비한다.

2 소고기는 불고기 감으로 준비하여 돼지 고기는 주스(배즙, 양파즙), 설탕, 미림에 미리 30분간 재워둔다.

🎧 대량 조리방법

1 절여둔 고기에 진간장, 물엿, 생강, 마늘, 후추, 참기름 넣고 고루 버무려 볶는다.

2 고기가 익으면 준비해둔 채소를 단단한 것부터 넣어 마무리한다.

🎧 조리 완료 양

* 소고기 10kg을 이용하여 조리하면

1 자율배식 60인분, 대면배식 80인분

2 호텔팬 4인치 70%, 3팬 정도

Key Point

• 소고기를 양념에 재워놓을 때는 간장은 볶기 전에 넣어야 육질의 질겨짐(표면 응고)을 방지할 수 있고 적당량을 남겨 볶는 도중에 볶음솥 주위를 돌려서 불맛을 살릴 수 있다.

• 간장 양을 줄이고 굴 소스를 첨가하여 조리 가능하다.

• 키위, 배즙이 없으면 과일 주스를 활용할 수 있다.

• 버섯류, 파프리카, 피망, 고추, 깻잎을 활용하여 메뉴를 변형할 수 있다.

• 고기를 볶을 때 너무 자주 저어주면 고기의 부서짐이 많고 너무 젓지 않으면 덩어리가 질 수 있다. (70~80% 정 도 익으면 고기를 덩어리지지 않도록 잘 저어준다)

• 소량 조리 시에는 고기 절일 때 채소를 함께 넣어도 무관하다.

간장 찜닭(안동찜닭)
Andong Braised Chicken

재료와 소스를 함께 넣고 쪄내는 간장 양념 찜 요리

단체급식에
응용할 **팁**

* 많은 양을 조리할 때는 채소를 미리 데쳐 놓았다가 사용하면 색깔도 좋지만, 채소를 익히기 위해 저어 주거나 불을 사용하여 고기의 부서짐을 방지할 수 있다.
* 대량 조리 시 데쳐낸 닭을 솥에서 기름을 두르고 밑간하여 볶아 준 후 조림을 하게 되면 부서지는 것을 방지할 수 있다.
* 조림 시 사용되는 양념은 처음에는 짜게, 마지막에 달게 조리하면 재료의 속으로 간이 잘 배고 처음 입에 넣었을 때와 마지막까지 간이 적당하다.
* 대량 조리 시 색이 잘 나지 않을 수 있으며, 이때는 노두유를 사용하거나 조림을 시작할 때 설탕을 캐러멜화하여 사용하면 색이 잘 난다.

간장 찜닭(안동찜닭)

	재료	1인분	10kg
주재료	토막 닭	200g	10kg
	진간장	1큰술	900mL(4컵)
	흑설탕	1작은술	150g(1.2컵)
양념류	물엿	1큰술	1.3mL(4컵)
	미림(청주)	0.5큰술	400g(2컵)
	다진 마늘	0.5큰술	180g(1.5컵)
	다진 생강	0.5작은술	40g(0.5컵)
	참기름	1작은술	250g(2컵)
	후춧가루	적당량	
	통깨	적당량	120g(1컵)
부재료	양파	0.5개	3kg
	당근	20g	1.2kg
	건고추	1개	100g
	풋고추	10g	500g
	대파	1/4토막	500g

🔊 재료 준비(전처리)

1 채소는 다이스로 절단하여 준비한다.

2 닭은 끓는 물에 데쳐서 이용한다. (월계수잎 첨가)

3 흑설탕과 간장을 끓여서 색깔을 낸다.

🔊 대량 조리방법

1 간장과 물을 1:1 비율로 하여 양념 넣고 소스를 끓인다.

2 끓인 소스에 데친 닭을 넣고 끓인다.

3 고기가 익으면 준비해둔 채소를 단단한 것부터 넣어 조려서 마무리한다.

🔊 조리 완료 양

* 닭고기 10kg을 이용하여 조리하면

1 자율배식 50인분, 대면배식 60인분

2 호텔팬 4인치 70%, 3팬 정도

Key Point

• 소량으로 볶을 경우는 생닭을 이용하지만 대량으로는 살짝 데쳐서 활용하면 기름과 이물질이 제거되어 음식이 깨끗하게 나온다.

• 간장의 양을 줄이고 데리 소스를 첨가하여 조리할 수 있다.

• 부재료는 업장에 따라 변동 및 추가할 수 있다. (표고, 생율 등)

• 당면, 넓적 당면을 불려서 활용하여 메뉴를 변경할 수 있다.

• 국물이 많을 때는 전분 물 조금 첨가하여 조리 가능하다.

돼지갈비찜
Braised Short Ribs

돼지갈비에 재료를 첨가하여 푹 무르게 익힌 돼지 갈비찜 요리

단체급식에
응용할 **팁**

* 부재료의 채소는 살짝 삶아서 사용하거나 볶아서 사용하며 부서짐과 설익음을 방지할 수 있다.
* 돼지갈비찜은 1인분의 양이 많아 부재료를 적절히 사용하여 양을 조절할 수 있도록 한다.
  예) 떡, 브로콜리, 콜리플라워 등
* 대량 조리 시 찜을 하는 시간이 길어지면 갈비의 부서짐이 심하고 짧아지면 질긴 현상이 있을 수
  있어, 조리 완료 후 잔열에서 조리되는 시간을 감안하여 조리할 수 있도록 한다.
* 간장과 물의 비율 계산
  돼지고기 볶음 = 간장 : 물 = 1 : 0
  돼지갈비 = 간장 : 물 = 1 : 4~6
  소갈비 = 간장 : 물 = 1 : 7~9

돼지갈비찜

	재료	1인분	10kg
주재료	돼지갈비	250g	10kg
	진간장	1큰술	700mL(3컵)
	흑설탕	1작은술	120g(1컵)
양념류	물엿	0.5큰술	450g(2컵)
	미림(청주)	0.5큰술	300g(1.5컵)
	다진 마늘	0.5큰술	240g(2컵)
	다진 생강	0.5작은술	40g(0.5컵)
	참기름	1작은술	160g(1컵)
	후춧가루	적당량	
	통깨	적당량	120g(1컵)
부재료	깐 마늘	2쪽	200g
	당근	20g	1.2kg
	무	100g	4kg
	건표고	2개	150g
	대파	1/4토막	500g

🎧 재료 준비(전처리)

1 채소는 깍두기형으로 절단하여 준비한다.

2 돼지갈비는 찬물에 핏물을 제거하여 끓는 물(대파, 통마늘, 청주)에 삶아서 이용한다.

🎧 대량 조리방법

1 간장과 갈비 삶은 물을 1:2 비율로 하여 양념 넣고 소스를 끓인다.

2 끓인 소스에 삶은 갈비를 넣고 갈비가 잠길 정도의 물을 넣어 끓인다.

3 고기가 익으면 준비해둔 채소를 단단한 것부터 넣어 조려서 마무리한다.

Key Point

• 갈비를 핏물 제거하여 삶아서 활용하면 기름과 이물질이 제거되어 음식도 깨끗하게 나온다.

• 간장의 양을 줄이고 데리 소스를 첨가하여 조리 가능하다.

• 부재료는 업장에 따라 변동 및 추가할 수 있다. (은행, 생율, 달걀지단 등)

• 국물이 많을 때는 전분 물 조금 첨가하여 조리한다.

아귀 콩나물 찜
Braised Spicy Monkfish

매콤한 양념으로 부드러운 아귀와 콩나물의 조화

단체급식에
응용할 팁

* 대량 조리 시 미더덕은 세척하여 주물러 물집을 터뜨린다.
* 대량 조리 시 콩나물을 삶아 찬물에 담가 두면 아삭함을 살릴 수 있다.
* 대량 조리 시 아귀와 소스, 데친 채소, 생채소를 따로 준비하여 배식 시, 추가 조리하여 제공하면 물이 생기는 것을 방지하고 맛있는 아귀찜을 완성할 수 있다.
* 대량 조리 시 소스의 농도는 전분을 사용하는 것보다 들깻가루와 찹쌀가루를 섞어 사용하면 맛의 변화가 없다.

아귀 콩나물 찜

	재료	1인분	10kg
주재료	아귀	150g	15kg
	미더덕	30g	3kg
	두절 콩나물	100g	10kg
양념류	고춧가루	1.5큰술	1kg
	간장	1작은술	500g(2컵)
	다진 마늘	1큰술	500g(5컵)
	다진 생강	1작은술	170g(1.5컵)
	설탕	1작은술	300g(2.5컵)
	참기름	0.5작은술	120g(1컵)
	아귀 삶은 물	1컵	10000mL(5바가지)
	소금	1작은술	500g(2컵)
	전분물	3큰술	750mL(4컵)
부재료	미나리	20g	200g
	대파	5g	50g
	당근	15g	150g
	홍고추	10g	100g
	청양고추	5g	50g

재료 준비(전처리)

1 아귀는 내장 제거, 토막, 세척하여 준비한다.

2 미더덕은 소금물에 씻어 준비하여 물집을 터뜨린다.

3 두절 콩나물은 세척하여 준비한다.

대량 조리방법

1 콩나물이 잠길 정도로 물을 넣고 먼저 삶아 내어 찬물에 담가둔다.

2 콩나물 삶은 물을 활용하여 아귀와 미더덕을 넣고 삶는다.

3 아귀 삶은 윗물을 필요한 양만큼 준비하여 준비된 양념 재료를 넣고 끓인다.

4 끓인 양념장에 전분 물을 풀어 농도를 조절하고 부재료를 넣어 버무린 다음 콩나물, 아귀, 미더덕을 넣고 마저 버무려 낸다.

조리 완료 양

* 아귀 15kg을 이용하여 조리하면

1 자율배식 100인분, 대면배식 120인분

2 호텔팬 4인치 70%, 4팬 정도

Key Point

• 소량 조리 시에는 아귀 삶은 물에 콩나물 익혀 양념장 준비하여 부재료 넣고 바로 버무려 쪄낸다.

• 양념장 전분 넣은 농도는 되직하게 할수록 양념물이 적게 나온다.

• 들깻가루를 활용하여 요리해도 된다.

• 다양한 해물류를 활용할 수 있다.

• 전분 대신 찹쌀가루 활용할 수 있다.

• 땅콩가루 등 견과류 첨가해도 된다.

• 해물찜 조리 시에 된장을 조금 첨가하면 비린내를 줄인다.

닭볶음탕
Spicy Braised Chicken

밥반찬, 술안주로 어울리는 매콤한 양념국물의 닭 매운 찜

* 대량 조리 시 닭은 데쳐내고 소스는 미리 끓여, 조리 시간을 줄여주는 것이 좋다.
* 닭볶음탕은 닭에서 나오는 육수와 고추장이 조화롭게 어우러져야 맛이 더 좋다.
* 대량 조리 시 국물 양을 조절하여 배식 시 부서짐에 주의한다. (적당한 국물 양 필요함)

닭볶음탕

	재료	1인분	10kg
주재료	토막 닭	300g	10kg
양념류	고춧가루	1큰술	200g(2.5컵)
	고추장	0.5큰술	300g(1컵)
	간장	0.5큰술	280g(1컵)
	청주	0.5큰술	200g(1컵)
	다진 마늘	1작은술	60g(0.5컵)
	다진 생강	0.5작은술	50g
	설탕	1작은술	100g(1컵)
	물엿	0.5큰술	350g(1컵)
	참기름	1작은술	120g(0.5컵)
	후추		
	통깨		
부재료	감자	80g	2.5kg
	양파	50g	1.5kg
	당근	20g	500g
	양배추	100g	3kg
	홍고추	5g	100g
	대파	5g	150g

🍴 재료 준비(전처리)

1 닭은 세척하여 끓는 물에 데쳐서 준비한다.

2 감자는 껍질 벗겨 토막 내어 전분 물을 제거한다.

3 당근, 양파, 양배추는 토막 내고 고추, 파는 어슷썰기 한다.

🍴 대량 조리방법

1 볶음 솥에 양념장을 섞어 끓여 준비된 닭을 넣고 볶는다.

2 닭이 자작할 정도의 국물을 첨가한다.

3 국물이 끓으면 감자 넣고 끓인 후 당근 넣고 끓인다.

4 국물이 줄어들면 양파, 양배추 넣고 끓인다.

5 마지막에 양배추, 양파 넣고 끓이다가 대파 넣고 마무리한다.

🍴 조리 완료 양

* 닭고기 10kg을 이용하여 조리하면

1 자율배식 50인분, 대면배식 60인분

2 호텔팬 4인치 70%, 3팬 정도

- 소량 조리는 생닭으로 조리할 수 있다.
- 깻잎 등 다양한 채소를 활용할 수 있다.
- 감자는 냉동 감자를 써도 된다.

오징어 볶음
Stir-fried Squid

쫄깃하면서 진한 양념 맛이 느껴지는 맛

 **단체급식에 응용할 팁**

* 대량 조리 시 오징어를 데쳐서 조리하면 수분도 줄이고 시간 절약 및 질김도 방지할 수 있다.
* 데친 오징어에 고춧가루와 소량의 양념을 미리 버무려 두면 수분 발생을 막을 수 있다.
* 오징어에 양념을 미리 버무려 두었다가 센 불에서 볶아주면 불 향이 강하게 난다.
* 조리 완료 후 수분이 많이 발생할 수 있는데 이를 대비하기 위해 떡, 당면 등을 이용하여 수분 발생이 최소화할 수 있도록 하는 것이 좋다.
* 오징어볶음에서 간장과 고추장, 고춧가루를 이용하는 경우 양념 비율은 돼지고기의 절반을 이용하면 좋다.

오징어 볶음

재료		1인분	10kg
주재료	오징어	150g	10kg
	고춧가루	1큰술	400g(5컵)
	고추장	0.5큰술	600g(2.5컵)
	간장	1큰술	550g(2.5컵)
양념류	청주	1작은술	200g(1컵)
	다진 마늘	1작은술	60g(0.5컵)
	다진 생강	0.5작은술	50g
	설탕	1작은술	200g(2컵)
	물엿	1작은술	450g(1.5컵)
	식용유	0.5큰술	350g(2컵)
	참기름	0.5작은술	120g(0.5컵)
	후추		
	통깨		
부재료	양파	40g	2.5kg
	당근	20g	1kg
	양배추	70g	5kg
	풋고추	5g	300g
	홍고추	5g	300g
	대파	5g	300g

🎧 재료 준비(전처리)

1 소량 조리는 오징어를 내장 떼고 반 갈라 내장을 제거한 후 키친타월로 껍질 벗겨 씻어 칼집 내어 토막 낸다.

2 대량은 절단 오징어 활용하여 세척한다.

3 부재료는 굵은 채로 썰어 준비하고 고추, 대파는 어슷썰기 한다.

🎧 대량 조리방법

1 오징어는 끓는 물에 데쳐서 활용한다.

2 팬에 식용유 넣고 준비된 양념을 섞어 끓인다.

3 당근, 양배추, 양파 넣고 볶는다.

4 준비된 오징어를 넣고 볶다가 고추, 대파 넣고 볶은 후 참기름, 통깨로 마무리한다.

🎧 조리 완료 양

* 오징어 10kg을 이용하여 조리하면

1 자율배식 70인분, 대면배식 80인분

2 호텔팬 4인치 70%, 3팬 정도

Key Point

• 오징어에 칼집을 넣으면 양념이 잘 배어들고 모양도 예쁘다.

• 센 불에서 빨리 볶아야 오징어가 질겨지지 않는다.

• 소량 조리는 오징어를 데치지 않고 양념장에 버무려 볶는다.

• 낙지볶음도 활용할 수 있다.

백순대볶음
Stir-fried Blood Sausage

순대 볶음에 고추장 소스를 활용한 요리

단체급식에 응용할 팁

* 대량 조리 시 순대가 풀어지거나 부서질 수 있어 미리 쪄낸 순대는 채소와 양념을 볶은 후 제공 전 섞어준다.
* 양념장은 쌈장과 초고추장을 1 : 3의 비율로 섞어주고 들깻가루를 소량 첨가하면 맛있는 소스 를 만들 수 있다.
* 백순대 볶음에 양념을 따로 제공할 경우 소금과 간장으로만 간하여 제공해도 된다.

백순대볶음

	재료	1인분	10kg
주재료	찰순대	100g	10kg
	대파	5g	500g
	다진 마늘	0.5큰술	200g
	식용유	1큰술	600g(3컵)
양념류	초고추장	1큰술	2kg(8컵)
	다진 마늘	1작은술	200g(1.5컵)
	설탕	1작은술	300g(2.5컵)
	물엿	1작은술	600g(2컵)
	들기름	0.5작은술	120g(0.5컵)
	들깻가루	1큰술	500g(6컵)
	후추		
	통깨		
부재료	양파	40g	4kg
	당근	20g	2kg
	양배추	70g	7kg
	풋고추	5g	500g
	깻잎	5g	500g
	들깻가루	5g	500g

🎧 재료 준비(전처리)

1 순대는 쪄서 이용한다. (부서짐 방지)

2 부재료는 굵은 채로 썰어 준비하고 고추는 어슷썰기, 깻잎은 채 썰어 준비한다.

🎧 대량 조리방법

1 볶음 솥에 기름 두르고 파, 마늘을 넣어 볶는다.

2 양파, 당근, 양배추, 고추 넣고 볶아 채소가 물러지면 소금, 후추로 기본 간을 한다.

3 쪄낸 순대를 넣고 볶아낸다.

4 양념장 재료를 섞어서 따로 준비한다.

🎧 조리 완료 양

* 순대 10kg을 이용하여 조리하면

1 자율배식 70인분, 대면배식 80인분

2 호텔팬 4인치 70%, 3팬 정도

• 들깻가루를 함께 볶아서 이용하면 맛은 있지만 지저분해 보인다.

• 양념장을 순대볶음에 섞으면 순대볶음처럼 보이니 소스는 따로 준비하여 낸다.

• 부재료인 채소는 다양하게 활용할 수 있다.

고등어조림
Braised Mackerel

등 푸른 생선에 무를 넣고 매콤하게 조린 음식

* 대량 조리 시 물의 양을 넉넉히 해줘야 부서짐을 예방할 수 있다.
* 배식 시 호텔팬 2인치를 활용하여 많은 양을 담거나 배식 시 뒤적거리는 일이 없도록 하는 것이 좋다.
* 고등어 이외에 무, 양파, 대파 등을 많이 사용하는 것이 고등어가 부서지는 것을 예방할 수 있다.
* 대량 조리 시 식용유를 소량 넣고 조림을 하면 기름막이 생겨 조리하는 동안 열을 가두어 조림이 원활히 완성된다.
* 대량 조리 시 고춧가루 사용은 최소 3번(처음, 채소와 함께, 마무리 시) 정도 나누어 넣어 주면 색이 더 곱게 난다.

고등어조림

재료		1인분	10kg
주재료	고등어	150g	10kg
	고추장	1작은술	400g(2컵)
	고춧가루	0.5큰술	200g(3컵)
	간장	0.5큰술	500g(2컵)
	무	200g	10kg
	물	0.5컵	5L
양념류	다진 마늘	1작은술	130g(1컵)
	다진 생강	0.5작은술	50g
	설탕	1작은술	110g(1컵)
	청주	0.5큰술	400g(2컵)
	된장	1작은술	200g(1컵)
	참기름		
	후추		
	통깨		
부재료	풋고추	0.5개	300g
	홍고추	0.5개	300g
	양파	1/4개	500g
	당근	20g	200g
	대파	5g	300g

🍴 재료 준비(전처리)

1 고등어는 손질하여 토막 내어 준비한다.

2 무는 도톰하게 사각이나 은행잎 모양을 낸다.

3 양념장은 미리 만들어 준비한다.

🍴 대량 조리방법

1 냄비를 무를 깔고 물은 무가 잠길 정도 붓고 먼저 무를 익힌다.

2 무가 어느 정도 익으면 고등어를 넣고 준비해 둔 양념장을 고루 올린다.

3 센 불에서 뚜껑 닫고 한소끔 끓인 다음 뚜껑 열고 조린다.

4 중간중간 회전솥은 앞뒤로 회전하고 냄비는 좌우로 흔들어 준다. (바닥 눌음 방지)

5 자작하게 조려지면 준비한 채소를 올려서 마무리한다.

6 밧드에 담을 때는 얇은 접시 등으로 옮긴다. (부서짐 방지)

🍴 조리 완료 양

* 순대 10kg을 이용하여 조리하면

1 자율배식 60인분, 대면배식 80인분

2 호텔팬 2인치 70%, 5팬 정도

Key Point

• 고등어를 양념장에 버무려 올려 조려도 된다.
• 고등어 대신 다른 생선에도 동일한 조리 방법을 적용할 수 있다.
• 무 대신 감자, 호박, 시래기, 묵은지 등 다양하게 활용할 수 있다.
• 등푸른생선은 고추장, 된장을 활용하면 비린 맛이 줄어든다.

달걀조림
Braised Eggs in Soy Sauce

차게 먹어도 따뜻하게 먹어도 맛있는 달걀조림

단체급식에
응용할 **팁**

* 달걀은 조림 후 반 갈라 배식하면 배식 양을 늘릴 수 있다.
* 대량 조리 시 깐 삶은 달걀 20봉(20알 정도)에 간장 2L 바가지 1바가지가 적당하다.
* 대량 조리 시 색이 잘 나지 않기 때문에 노두유를 사용하거나 처음 조리 시 설탕을 캐러멜화하여 주면 좋다.

달걀조림

재료		1인분	10kg
주재료	달걀	4개	100알
	물	250mL	5L
	진간장	4큰술	350g(1.5컵)
	황설탕	3큰술	180g(1.5컵)
	물엿(조청)	1큰술	400g(1.5컵)
양념류	깐 마늘	5개	500g
	다진 생강	0.5작은술	16g(3큰술)
	미림	1큰술	300g(1.5컵)
	참기름	1작은술	70g(0.5컵)
	후추		
	통깨		
부재료	양파	1/4개	800g
	청양고추	3개	300g
	꽈리고추	4개	400g
	당근	5g	100g
	대파	5g	100g

🎧 재료 준비(전처리)

1 달걀은 삶아서 껍질 제거하여 준비한다.

2 채소는 모양내어 준비한다.

🎧 대량 조리방법

1 냄비에 주재료를 넣고 끓이다가 불을 줄여 조린다.

2 달걀의 색이 나고 국물이 자작해 지면 채소를 넣고 조린다.

3 조림이 완성되면 참기름, 통깨 넣고 마무리한다.

4 완성된 달걀은 반씩 잘라서 배식한다.

🎧 조리 완료 양

* 달걀 100알을 이용하여 조리하면

1 자율배식 45인분, 대면배식 50인분

2 호텔팬 4인치 70%, 3팬 정도

Key Point

• 달걀 삶을 때는 소금, 식초를 첨가하여 삶으면 껍질이 쉽게 벗겨진다.

• 주물 솥에 달걀을 삶거나 조리면 검은 물이 나와 지저분해질 수 있다.

• 부재료는 다양하게 활용할 수 있다.

• 달걀 대신 메추리알 및 다른 재료를 활용할 수 있다.

비엔나 케첩 볶음
Vienna sausages with ketchup

케첩소스의 맛으로 비엔나의 맛을 더하는 메뉴

* 대량 조리 시 비엔나는 데쳐서 사용하면 좋다.
* 소량 조리 시 케첩의 신맛은 쉽게 날려 줄 수 있으나, 대량 조리 시 케첩의 신맛을 날려 주기 어려워, 팬에 기름을 두르고 케첩을 먼저 넣어 볶아 사용한다.
* 케첩을 볶아 준 후 마늘을 넣어 볶아주면 맛있는 소스를 만들 수 있다.
* 케첩소스를 만들 때 소량의 고추장을 이용하면 맛 내기가 편하다.

비엔나 케첩 볶음

재료		1인분	10kg
주재료	비엔나소시지	100g	10kg
	케첩	2큰술	1.8kg(8컵)
	설탕	0.5큰술	500g(4컵)
	간장	1작은술	550g(2.5컵)
양념류	청주	1작은술	500g(2컵)
	고추기름	0.5큰술	700g(3컵)
	다진 마늘	1작은술	200g(2컵)
	다진 생강	0.5작은술	80g(1컵)
	식용유	0.5큰술	600g(3컵)
	참기름		
	후추		
	통깨		
부재료	양파	1/4개	3kg
	당근	10g	1kg
	노란 파프리카	10g	1kg
	청피망	20g	1kg

🍴 재료 준비(전처리)

1 비엔나소시지는 칼집 내어 준비한다.

2 채소는 다이스로 준비한다.

3 양념장은 미리 만들어 준비한다.

🍴 대량 조리방법

1 냄비에 식용유를 두르고 소시지를 볶는다.

2 케첩을 설탕 넣고 볶아서 이용한다.

3 간장은 냄비 가장자리로 돌려주며 볶는다.

4 준비된 양념장을 넣고 볶아준다.

5 참기름 넣고 마무리하여 용기에 담아 통깨를 뿌린다.

🍴 조리 완료 양

* 비엔나소시지 10kg을 이용하여 조리하면

1 자율배식 80인분, 대면배식 100인분

2 호텔팬 4인치 70%, 3팬 정도

Key Point

• 채소는 다양하게 넣어도 된다.

• 소시지류, 햄류 등 다양하게 활용할 수 있다.

• 우스터소스 및 굴 소스 사용으로 메뉴를 선택한다.

미트볼조림

Meatball and Rice Cake Stew

미트볼이 따뜻한 소스를 만나 부드러운 미트볼조림으로 재탄생

단체급식에
응용할 **팁**

* 대량 조리 시 미트볼을 튀길 때는 딱딱하거나 겉이 마르지 않도록 주의한다.
* 미트볼은 배식 직전 소스에 버무려 제공하거나 완성된 소스에 볶거나 조리지 말고 섞어 두었다
  가 배식하는 것이 좋다.
* 대량 조리 시 채소는 따로 센 불에서 볶아 섞어주는 것이 좋다.

미트볼조림

재료		1인분	10kg
주재료	미트볼	100g	10kg
	케첩	2큰술	1.8kg(8컵)
	설탕	0.5큰술	500g(4컵)
	우스터소스	1작은술	550g(2.5컵)
	간장	1작은술	200g(1컵)
양념류	청주	1작은술	500g(2컵)
	다진 마늘	1작은술	200g(2컵)
	다진 생강	0.5작은술	80g(1컵)
	참기름		
	후추		
	통깨		
부재료	양파	1/4개	3kg
	당근	10g	1kg
	노란 파프리카	10g	1kg
	청피망	20g	1kg

🎧 재료 준비(전처리)

1 미트볼은 튀겨서 준비한다.

2 채소는 다이스로 준비한다.

3 양념장은 미리 만들어 준비한다.

🎧 대량 조리방법

1 냄비를 식용유를 두르고 채소를 볶는다.

2 튀긴 미트볼을 넣고 준비된 양념장을 넣고 볶아준다.

3 참기름 넣고 마무리하여 용기에 담아 통깨 뿌린다.

🎧 조리 완료 양

* 미트볼 10kg을 이용하여 조리하면

1 자율배식 90인분, 대면배식 100인분

2 호텔팬 4인치 70%, 3팬 정도

- 채소는 다양하게 넣어도 된다.
- 갈비 양념소스나 굴 소스를 사용할 수 있다.
- 케첩은 설탕 넣어 볶아서 사용하면 신맛을 줄인다.

닭갈비 양념구이
Spicy Stir-fried Chicken

다양한 채소와 함께 매운맛을 가미한 춘천식 닭갈비

* 대량 조리 시 닭은 데쳐서 밑간하여 볶아주고 미리 만들어 둔 양념장을 넣어 볶는 방법도 있다.
* 조리 마지막에 고춧가루를 추가하면 색도 좋고 매콤한 향과 수분을 막는 역할을 한다.

* **오븐을 이용한 조리 시(오븐만 사용 시)**
  1. 닭은 밑간하여 1차 초벌 조리한다.
  2. 양념을 발라 2차 조리한다.
  3. 남은 양념을 추가하여 뒤집어 3차 조리한다.

* **오븐을 이용한 조리 시(솥, 오븐 혼합 조리 시)**
  1. 닭은 데쳐서 밑간하여 볶아준다.
  2. 양념을 넣어 볶아준다.
  3. 남은 양념을 추가하여 오븐에서 구워준다.

닭갈비 양념구이

	재료	1인분	10kg
주재료	넓적다리살	200g	10kg
	고추장	1.5큰술	1.5kg(5.5컵)
	고춧가루	1큰술	300g(4컵)
	간장	1큰술	800g(3.5컵)
	설탕	1작은술	150g(1.5컵)
양념류	청주	1큰술	700g(3컵)
	다진 마늘	1작은술	100g(1컵)
	다진 생강	1작은술	75g(1컵)
	물엿	1작은술	350g(1.5컵)
	카레가루	1작은술	100g(1.5컵)
	식용유	1큰술	650g(3컵)
	참기름	0.5작은술	70g(0.5컵)
	후추		
	통깨		
부재료	양파	50g	2.5kg
	당근	20g	1kg
	양배추	80g	4kg
	고구마	50g	2kg
	깻잎	5g	300g
	가래떡	20g	1kg
	대파	10	500g

재료 준비(전처리)

1 닭은 토막 내어 카레가루, 다진 마늘, 청주 1/2, 생강즙을 넣고 밑간한다.

2 양념장은 미리 만들어 둔다.

3 부재료는 사각으로 썰어 준비하고 대파는 어슷썰기, 깻잎은 굵은 채로 준비한다.

대량 조리방법

1 팬에 식용유 두르고 양념한 닭을 익힌다.

2 닭이 어느 정도 익으면 양념장을 넣고 고루 볶는다.

3 채소, 가래떡을 넣고 볶는다.

4 대파, 깻잎 넣고 볶은 후 참기름, 통깨로 마무리한다.

조리 완료 양

* 닭다리살 10kg을 이용하여 조리하면

1 자율배식 40인분, 대면배식 50인분

2 호텔팬 4인치 60%, 4팬 정도

Key Point

• 소량 조리 시 닭을 토막 내지 않고 밑간 후 양념장에 버무려 먼저 볶다가 채소 넣고 볶으면서 닭을 절단해도 된다.

• 가래떡 대신 떡국 떡을 써도 된다.

• 양념한 닭을 볶을 때 눋지 않도록 주의한다. (기름을 조금 많이 넣고 볶은 후 기름을 제거하여 사용)

코다리 강정

Deep-fried Half-dried Pollack

부드러운 코다리 살과 튀김 옷이 맛난 매콤달콤 강정

단체급식에 응용할 팁

* 대량 조리 시 배식 전 코다리를 버무려 주거나 소스를 끼얹어 배식하는 것이 좋다.
* 튀긴 코다리를 팬에 많이 담지 않도록 하며, 배식 시에도 호텔팬 2인치를 이용하여 뒤적거려 부서지는 것이 없도록 하는 것이 좋다.
* **튀김 시 생선이 익었는지 눈으로 확인하는 방법 중 제일 정확한 방법은?**
  – 생선은 익으면 살 부분은 줄어드는 반면, 뼈 부분은 그 형태를 유지하고 있어 뼈 부분이 튀어나오면 익었는지 눈으로 확인할 수 있다.

코다리 강정

재료		1인분	10kg
주재료	코다리	200g	10kg
	전분	2큰술	400g(4컵)
	식용유	2컵	18L
	간장	2큰술	1.5kg(6컵)
	물엿	1큰술	1kg(4컵)
	설탕	0.5큰술	240g(2컵)
양념류	청주	0.5큰술	300g(1.5컵)
	다진 마늘	1작은술	100g(1컵)
	다진 생강	0.5작은술	50g(0.5컵)
	물	1/2컵	3L
	참기름		
	후추		
	통깨		
부재료	실파	10g	500g
	홍고추	5g	300g
	청양고추	5g	300g

🎧 재료 준비(전처리)

1 코다리는 손질하여 세척해 둔다.

2 양념장은 미리 만들어 끓여서 준비한다.

3 부재료는 곱게 다져서 준비한다.

🎧 대량 조리방법

1 팬에 튀김기름을 올려 준비한다.

2 코다리는 녹말에 묻혀 바싹하게 튀긴다.

3 끓인 양념장에 튀긴 코다리를 버무려 부재료를 올리고 통깨도 뿌린다.

🎧 조리 완료 양

＊ 코다리 10kg을 이용하여 조리하면

1 자율배식 45인분, 대면배식 50인분

2 호텔팬 2인치 70%, 6팬 정도

Key Point

· 코다리 외에 다른 생선을 활용해도 가능하다.

· 매운맛을 싫어하면 청양고추를 빼도 되고 간장을 반 정도 넣고 고추장과 고춧가루를 넣어 붉게 조리할 수 있다. (케첩 활용 가능)

· 전분 대신 쌀가루 활용 가능하며, 전분과 밀가루를 섞어서 써도 된다. (전분:밀가루=3:1)

· 감자 전분은 농도가 진하여 서로 엉겨 붙을 수 있으니 밀가루 혼합을 권장한다.

급식에서 한식 메뉴

부반찬 1

감자채베이컨볶음 *Stir-fried Potatoes and bacon*

감자채볶음도 인기 반찬, 거기에 베이컨이 더해지면 최고의 반찬

	재료	1인분	100인분
주재료	감자채	70g	7kg
	베이컨	15g	1.5kg
양념류	다진 마늘	2g	120g
	소금	2g	100g
	통깨	0.5g	30g
	참기름	0.5g	30g
	식용유	3g	300g
부재료	대파	5g	400g
	양파	20g	1.5kg

🍴 재료 준비(전처리)

1 감자채는 흐르는 물에 담가 전분질을 제거하
고 물기를 제거해준다.

2 베이컨은 1cm 크기로 썰어준다.

3 양파는 채 썰고, 대파는 송송 썰어준다.

🍴 대량 조리방법

1 감자채는 끓는 물에 단시간 데쳐준다.

2 팬에 베이컨을 볶아준다.

3 팬에 양파를 볶아준다.

4 팬에 감자채를 분량의 양념을 넣고 볶아준다.

5 감자채 볶는 곳에 베이컨, 양파, 대파를 넣고
마무리한다.

Key Point

• 베이컨은 팬에서 센 불로 조리하여 주는
것이 좋다.

• 양파를 사용하면 수분이 발생하여 부서짐도 예방하고
단맛으로 맛도 좋다.

• 감자채만으로도 충분하지만, 햄이나 당근 등 다양한 식
재료와 잘 어울린다.

단체급식에 응용할 팁

＊ 소량 조리 시 감자채는 데치지 않고 볶는 것이 좋으나 대량 조리 시 한 번 데쳐 사용하면 조리가 용이
하고 감자의 부서짐을 예방할 수 있다.

＊ 데쳐낸 감자에 분량의 양념을 하여 섞어주고 볶음을 하면 볶는 과정에서 섞는 횟수가 줄어들어 부서짐
을 예방할 수 있고 고루 양념이 배어 맛이 좋다.

＊ 데쳐낸 감자에 분량의 양념을 하여 오븐에서 조리면서 간단히 메뉴를 완성할 수 있다.

건새우볶음 *Stir-fried Dried Shrimp*

건새우를 밥과 함께 비벼 먹으면 입안에 새우 향이 가득하다

	재료	1인분	100인분
주재료	건새우	15g	1.5kg
양념류	진간장	3g	220g
	물엿	2g	180g
	통깨	0.2g	20g
	참기름	0.1g	10g
	식용유	3g	200g
부재료	실파	5g	400g

🔖 재료 준비(전처리)

1 건새우는 머리에 가시를 제거한다.

2 실파는 0.3cm 크기로 썰어준다.

🔖 대량 조리방법

1 분량의 양념을 섞어 양념장을 만든다.

2 팬에 양념장을 넣고 끓여준다.

3 양념장이 끓어 오르면 새우를 넣고 덮어내듯
   이 볶아낸다.

4 실파와 통깨를 뿌려 마무리한다.

Key Point

- 간장을 특유의 냄새를 가지고 있어 한 번 끓
  어 오르면 나머지 재료를 넣는 것이 좋다.
- 건새우는 볶기 전 맛을 보고 짠맛이 강할
  경우 간장의 양을 줄인다.

단체급식에 응용할 팁

＊ 건새우는 머리와 지느러미를 제거한 두절 건새우를 사용하는 것이 좋다.

＊ 건새우는 소쿠리를 이용하여 새우를 살짝 문질러 주면 머리 가시가 잘 제거된다.

＊ 건새우는 단가가 높으므로 양파, 마늘종과 같이 다른 채소들과 함께 조리하면 좋다.

달걀찜 *Steamed Eggs*

부드러운 식감, 최고의 인기 메뉴인 달걀찜

	재료	1인분	100인분
주재료	달걀	90g 1.5개	9kg 150개(5판)
양념류	소금	1g	100g
	새우젓	0.5g	50g
	물	30g	3kg
부재료	대파	3g	250g
	당근	5g	500g

🎧 재료 준비(전처리)

1 달걀은 껍질이 들어가지 않도록 분리하여 둔다.
2 대파와 당근은 다져서 준비한다.

🎧 대량 조리방법

1 달걀은 알끈이 끊어지도록 섞어준다.
2 분량의 양념 재료를 넣어준다.
3 찜기를 이용하여 달걀찜을 완성한다.

Key Point

- 새우젓을 사용하지 않고 소금만으로 조리해도 깔끔한 맛으로 더 맛있게 조리할 수 있다.
- 물 사용량의 절반을 우유를 사용하면 더 부드러운 달걀찜을 완성할 수 있다.
- 소량의 식초를 사용하면 색이 변하는 것을 예방해준다.

단체급식에 응용할 팁

＊ 오븐으로 달걀찜을 만들 때 오븐팬에 비닐을 깔아주면 팬이 오염되는 것을 막아준다.
＊ 달걀을 파각할 때 별도의 복장과 별도의 용기, 다른 작업과 동선이 겹치지 않도록 하여 교차오염이 발생하지 않도록 한다.
＊ 달걀의 단가가 높아질 때 순두부를 섞어 두부달걀찜으로 제공하면 맛은 크게 변하지 않지만, 더 부드러운 달걀찜을 맛볼 수 있다.

김치볶음 *Stir-fried Kimchi*

생으로 먹어도 한국인의 입맛, 볶아 먹어도 한국인의 입맛

	재료	1인분	100인분
주재료	배추김치	75g	7.5kg
양념류	진간장	1g	80g
	설탕	2g	160g
	고춧가루	0.5g	40g
	후추	0.1g	8g
	통깨	0.3g	20g
	참기름	0.5g	40g
	식용유	3g	220g
부재료	대파	3g	250g
	양파	15g	1.2kg

🍴 재료 준비(전처리)

1 김치는 익은 김치를 사용한다.
2 대파와 양파는 채 썰어 준비한다.

🍴 대량 조리방법

1 팬에 기름을 두르고 김치를 넣어 볶아준다.
2 분량의 양념을 넣어 볶아준다.

• 볶음 요리의 경우 간장을 조금 넣어 볶아 줘야 볶음의 맛이 더 난다.
• 간장을 사용하면 짠맛이 강해질 수 있으니, 양파, 대파 등의 채소를 추가로 사용하면 좋다.
• 배추김치의 익힘 정도에 따라 가감해야겠지만 식초를 소량 사용하면 더 맛이 좋다.

＊ 대량 조리 시 볶음보다는 찜이 될 가능성이 크기 때문에 팬이 가열되었을 때 김치를 넣어 수분이 많이 생기지 않도록 하는 것이 좋다.
＊ 채소를 추가로 사용할 시 채소가 들어가는 시점에 고춧가루를 사용하여 수분 발생량을 줄인다.

꽃맛살메추리알샐러드 *Crab Meat And Braised Quails' Eggs Salad*

맛살 모양과 메추리알이 잘 어울리는 맛도 좋은 샐러드

재료		1인분	100인분
주재료	꽃맛살	40g	4kg
	메추리알	20g	2kg
양념류	마요네즈	20g	1.8kg
	소금	0.5g	40g
	설탕	1g	80g
부재료	브로콜리	10g	1kg
	파프리카	8g	750g
	스위트콘	5g	400g

🖐 재료 준비(전처리)

1 꽃맛살은 부서지지 않도록 준비한다.

2 메추리알은 뜨거운 물에 소독하여 식혀 준비한다.

3 브로콜리, 파프리카는 사방 2cm 크기로 준비한다.

🖐 대량 조리방법

1 꽃맛살을 제외한 재료와 분량의 양념 재료를 섞어준다.

2 꽃맛살을 넣어 버무려 준다.

Key Point

· 꽃맛살, 메추리알 등 부재료를 뜨거운 물에 살짝 데쳐 사용한다.

· 모든 재료는 수분을 충분히 제거하여 무침 후 물이 발생하지 않도록 한다.

단체급식에 응용할 팁

* 꽃맛살이 부서지기 쉬우므로 소스에 살짝 버무려 두었다가 배식 전에 살짝 섞어 제공하면 부서짐을 예방할 수 있다.

* 꽃맛살, 메추리알의 단가가 높아 선호하는 채소가 있다면 같이 사용하면 좋다.

두부조림 *Braised Bean Curd*

두부의 새로운 변신, 양념하여 조려 더 맛있는 두부요리

재료		1인분	100인분
주재료	두부	100g	10kg
양념류	다진 마늘	1g	80g
	고춧가루	2g	150g
	진간장	5g	480g
	설탕	4g	320g
	소금	3g	200g
	후추	0.2g	10g
	참기름	1g	80g
	식용유	5g	400g
부재료	대파	5g	400g
	양파	15g	1.5kg

🍴 재료 준비(전처리)

1 두부는 일정한 크기로 잘라 준다.

2 수분을 제거하고 소금, 후추로 간을 한다.

3 대파, 양파는 두껍게 채 썰어 준다.

🍴 대량 조리방법

1 팬에 기름을 두르고 두부를 구워준다.(오븐을 이용한 조리로 간소화할 수 있다)

2 팬에 구운 두부를 넣고 분량의 양념을 넣어 조려 낸다.

3 고춧가루는 조림이 80% 정도 진행이 되고 나서 넣어 준다.

Key Point

• 두부는 굽지 않고 조림을 하여도 무방하나, 멸치 육수를 만들어 양념하는 것을 권장한다.

• 두부는 소금으로 밑간해두면 단단해져 부서짐을 예방할 수 있다.

단체급식에 응용할 **팁**

＊ 대량으로 두부조림 조리 시 양념이 잘 배도록 하기 위해서는
   1. 된장을 소량 사용하면 두부가 안쪽까지 간이 잘 밴다.
   2. 고추장을 소량 사용하면 고춧가루만 사용하는 것보다 색이 곱게 잘 난다.
＊ 두부조림 시 무를 사용하면 두부조림 시 잘 타지 않고 맛이 더 좋아진다.

메추리알장조림 *Braised Quail Eggs in Soy Sauce*

장조림은 다양한 재료를 사용할 수 있지만 메추리알은 부드러워 좋은 재료다

	재료	1인분	100인분
주재료	깐 메추리알	75g	7.5kg
양념류	진간장	8g	750g
	물엿	3g	300g
	설탕	2g	150g
	다진 마늘	1g	70g
부재료	대파	5g	400g

Key Point

- 조림은 간장과 분량의 설탕 또는 물엿의 절반의 양을 넣어 조리고 재료에 간이 충분히 배면 설탕 또는 물엿 남은 절반을 넣어 단맛을 더하면 맛있는 조림으로 완성할 수 있다.
- 메추리알은 1알의 무게가 15g 정도로 적정량을 5알 정도로 조리한다.

🍴 재료 준비(전처리)

1 깐 메추리알은 뜨거운 물에 살짝 데쳐 준비한다.

2 대파는 사방 2cm 크기로 썰어준다.

🍴 대량 조리방법

1 팬에 메추리알을 넣고 자작하게 잠길 정도의 물을 넣어준다.

2 간장, 설탕, 마늘을 넣어 조려준다.

3 조림이 완료되기 전 물엿을 넣어 센 불에서 조려 마무리한다.

단체급식에 응용할 팁

* 깐 메추리알 1kg 20봉에 간장 1바가지(2L) 사용하면 간이 잘 맞는다.
* 물을 많이 사용하면 간이 잘 배지 않기 때문에 최소량 사용한다.
* 조림 완료 직전 센 불에서 물엿을 넣어 조려 주면, 윤기가 나고 맛이 좋다.
* 배식 시, 대면 배식으로 제공하기에는 재료의 양이 부족하지 않지만, 자율 배식 시 양이 많이 부족할 수 있어, 부재료인 양파, 무, 곤약, 햄, 브로콜리, 꽈리고추 등의 다양한 식재료를 사용하면 좋다.

모둠버섯볶음 *Stir-fried Assorted Mushrooms*

버섯 향을 살려 볶아주면 최고의 반찬이 된다

재료		1인분	100인분
주재료	표고버섯	20g	2kg
	느타리버섯	20g	2kg
	새송이버섯	20g	2kg
양념류	다진 마늘	1g	80g
	진간장	2g	180g
	소금	1g	70g
	후추	0.1g	5g
	참기름	0.5g	40g
	통깨	0.5g	30g
	식용유	3g	220g
부재료	대파	5g	400g
	당근	5g	500g
	양파	10g	1kg

🎧 재료 준비(전처리)

1 표고버섯, 새송이버섯은 편 썰어 준비한다.

2 느타리버섯은 찢어서 준비한다.

3 당근은 편, 양파는 채 썰어 준비한다.

🎧 대량 조리방법

1 버섯은 뜨거운 물에 살짝 데쳐 식혀준다.

2 팬에 기름을 두르고 모든 재료를 넣어 볶아준다.

3 분량의 양념을 넣어 볶아준다.

Key Point

• 버섯은 고유의 향이 있어 그 맛을 느끼기 위해서는 팬에 기름을 소량만 두르고 센 불에서 빠르게 볶는 것이 좋다.

• 버섯은 상황에 따라 종류 및 양을 조정하여 사용할 수 있다.

• 소량으로 조리할 때는 마늘, 후추를 더 작게 사용해서 버섯 향이 느껴질 수 있도록 조리한다.

단체급식에 응용할 팁

＊ 버섯볶음을 대량으로 할 때는 볶아지기보다 삶아지는 경우가 발생할 수 있으므로 버섯을 종류별로 나누어 볶아주고 마지막에 섞어서 제공하는 것이 좋다.

＊ 많은 양의 버섯을 조리할 때는 데치기보다 버섯의 기본 온도를 높여준다는 생각으로 조리한다면 더 좋은 메뉴로 완성할 수 있다.

＊ 향이 강한 버섯의 경우 필히 별도로 볶아 사용하는 것이 좋다.

부추전 *Chive Pancake*

바삭한 전으로, 양념장과 함께 더할 나위 없이 맛있는 부추전

	재료	1인분	100인분
주재료	부추	20g	2kg
양념류	밀가루	20g	2kg
	달걀	10g	700g
	소금	1g	80g
	식용유	5g	450g
부재료	홍고추	2g	150g
	청양고추	1g	80g

🥄 재료 준비(전처리)

1 부추는 깨끗이 씻어 4~5cm 크기로 썰어 준다.
2 홍고추와 청양고추는 다져서 준비한다.

🥄 대량 조리방법

1 분량의 양념 재료를 이용하여 반죽을 만든다.
2 부추와 고추를 섞어준다.
3 별도의 믹싱볼에 소량씩 부추와 반죽을 넣어 섞어준다.
4 팬에 기름을 충분히 두르고 부추전을 완성한다.

Key Point

• 부추는 손이 많이 갈수록 풋내가 나고 부추가 숨이 죽을 수 있어 최대한 손이 적게 가도록 한다.
• 반죽에 박력분을 섞어 사용하거나 건식 빵가루, 찹쌀가루 등을 섞어서 사용하면 더 바삭하고 맛있는 부추전을 완성할 수 있다.
• 오징어, 모둠 해물 등을 사용하면 좋다.

단체급식에 응용할 **팁**

* 양파, 당근 등의 채소를 사용하는 것이 좋으나 조리 후 채소에서 수분이 발생하여 전이 바삭하기보다 눅눅해지는 경우가 발생할 수 있어 피하는 것이 좋다.
* 대량 조리 시 부추에 마른 가루를 살짝 섞으면 더 바삭한 전을 완성할 수 있다.
* 전을 만들고 나서 서로 포개지는 면이 적게 하고 대량으로 부득이하게 포개지는 양이 많으면 팬 여러 개에 시차를 두고 겹쳐지도록 하는 것이 좋다.

삼채무침 *Hooker Chive Salad*

쉽게 먹을 수 없는 귀한 메뉴, 향으로 즐기는 삼채무침

재료		1인분	100인분
주재료	삼채	20g	2kg
양념류	고추장	6g	500g
	고춧가루	1g	80g
	식초	1g	90g
	설탕	1g	100g
	다진 마늘	1g	80g
	참기름	1g	70g

Key Point

- 삼채는 불순물이 많을 수 있어 깨끗이 씻어 주는 것이 중요하다.
- 수분이 많이 생기지는 않지만 그만큼 양념이 쉽게 스며들지 않기 때문에 양념장에 수분이 많이 없도록 하고 삼채에 고춧가루를 먼저 버무려 초고추장과 잘 어울리도록 한다.

🎧 재료 준비(전처리)

1 삼채는 깨끗이 씻어 물기를 제거한다.

🎧 대량 조리방법

1 분량의 양념 재료를 이용하여 초고추장을 만든다.

2 삼채에 고춧가루를 넣어 버무려 준다.

3 초고추장을 넣어 삼채를 버무려 준다.

단체급식에 응용할 팁

* 대량으로 조리 시 메뉴의 완성도가 떨어질 수 있어 소분하여 조리하는 것을 권장한다.
* 소스가 따로 분리되지 않도록 각별히 주의한다.

채소튀김 *Deep-fried Vegetables*

튀김의 꽃, 모양도 맛도 좋고 다양한 재료를 사용할 수 있는 채소튀김

	재료	1인분	100인분
주재료	쑥갓	5g	400g
	고구마	50g	5kg
	당근	15g	1.5kg
	양파	20g	2kg
	호박	15g	1.5kg
양념류	튀김가루	20g	1.8kg
	옥수수전분	4g	300g
	달걀	10g	800g
	소금	1g	60g
	후추	0.1g	3g
	식용유	30g	3kg

🍴 재료 준비(전처리)

1   부추는 잎 위주로 손질하여 준비한다.

2   채소는 채 썰어 준비한다.

🍴 대량 조리방법

1   튀김가루와 전분은 5:1 비율로 섞어준다.

2   소금, 후추를 넣어 가루를 섞어준다.

3   달걀, 물을 이용하여 반죽한다.

4   채소에 반죽을 넣어 버무려 준다.

5   튀김기름에 채소튀김을 완성한다.

Key Point

• 다양한 채소를 사용할 수 있으나 고구마 또는 감자를 주재료로 비율을 높여 사용 하는 것이 맛이 좋다.

• 쑥갓 또는 깻잎을 사용하여 향을 더하는 것이 좋다.

• 양파, 호박과 같이 수분이 많은 재료는 사용량을 줄여주 는 것이 더 바삭한 튀김을 완성할 수 있다.

단체급식에 응용할 팁

∗ 채소에 마른 가루(밀가루, 튀김가루)를 넣어 먼저 버무려 준다.

∗ 반죽 시 물을 최소한 사용하여 농도를 진하게 만들어 준다.

∗ 채소와 반죽을 넣어 버무려 튀김기름에 넣었을 때 풀어지지 않도록 해야 바삭한 튀김이 된다.

연근조림 *Braised Lotus Roots*

뿌리채소의 꽃, 달콤하면서도 짭짤한 맛이 일품인 연근조림

재료		1인분	100인분
주재료	연근	60g	6kg
양념류	진간장	7g	650g
	설탕	3g	280g
	물엿	10g	950g
	통깨	0.2g	15g

Key Point

• 연근을 데쳐서 사용하는 것도 좋다.
• 연근을 데칠 때 식초를 소량 넣어 주면 연근이 색이 변하는 것을 막아준다.

📋 재료 준비(전처리)

1 연근은 껍질을 제거하고 0.5cm 두께로 썬다.

📋 대량 조리방법

1 팬에 연근을 넣고 연근이 충분히 잠길 수 있도록 물을 넣어 준다.
2 물이 자작해질 때까지 끓여준다.
3 간장과 설탕을 넣어 조린다.
4 물엿을 넣어 조린다.

단체급식에 응용할 팁

＊ 대량으로 조리 시 전체적으로 간이 되도록 조리하기 어려울 수 있어 충분히 물을 넣고 간장을 넣고 물이 줄어들 때까지 조린 후 설탕, 물엿을 넣어 볶듯이 연근조림을 완성하면 간이 고루 배도록 할 수 있다.

오징어무침 *Squid Salad*

오징어와 다양한 채소의 만남, 초고추장과 함께 입맛을 살려주는 오징어무침

재료		1인분	100인분
주재료	오징어	50g	5kg
양념류	고춧가루	1g	80g
	고추장	7g	650g
	식초	6g	500g
	설탕	3g	280g
	다진 마늘	0.5g	50g
	참기름	0.3g	20g
	통깨	0.2g	15g
부재료	무	20g	1.8kg
	양파	10g	900g
	당근	5g	300g
	미나리	5g	400g
	오이	10g	900g
	홍고추	3g	150g
	청양고추	2g	100g

🎧 재료 준비(전처리)

1 오징어는 채 썰어 준비한다.

2 모든 채소는 채 썰어 준비한다.

🎧 대량 조리방법

1 오징어는 살짝 데쳐서 준비한다.

2 무는 소금, 설탕을 이용하여 절여 준다.

3 분량의 양념 재료를 이용하여 초고추장을 만들어 준다.

4 오징어와 채소에 고춧가루를 넣어 버무려 준다.

5 초고추장을 넣어 버무려 준다.

Key Point

• 오징어는 끓는 물에서 살짝 데쳐 질겨지는 것을 방지한다.

• 해산물에 이용하는 초고추장의 경우 마늘 사용량을 늘려주면 좋다.

단체급식에 응용할 팁

* 대량으로 조리 시 무침 후 물이 발생하기 쉬운데 무에는 물엿을 이용하면 빠르게 수분을 제거할 수 있다.

* 오징어와 채소, 고춧가루를 섞어 두었다가 배식 시 초고추장을 넣고 버무려 주면 좋다.

일미채간장무침 *Stir-fried Dried Squid Strips*

일미는 맛있다, 그냥 먹어도 맛있고 양념해도 맛있다, 간장하고 만난 일미채간장무침

재료		1인분	100인분
주재료	백진미	15g	1.5kg
양념류	다진 마늘	1g	70g
	마요네즈	1g	70g
	간장	0.5g	38g
	설탕	0.3g	25g
	물엿	0.6g	55g
	맛술	1g	70g

🎧 재료 준비(전처리)

1   진미채는 물에 가볍게 헹궈 수분을 제거해준다.

🎧 대량 조리방법

1   진미채에 마요네즈를 넣어 버무려준다.

2   팬에 분량의 양념을 넣어 끓여준다.

3   진미채를 넣어 버무려 준다.

Key Point

• 진미채는 그냥 사용해도 되나 짠맛이 강하기 때문에 물에 가볍게 헹궈 사용하는 것이 좋다.

• 진미채를 헹궈 사용할 경우 더 부드러운 무침으로 완성할 수 있다.

단체급식에 응용할 팁

＊ 대량 조리 시 물에 헹군 후 수분 제거가 어려울 수 있어 살짝 볶아 주는 것도 좋다.

＊ 양념을 만들 때 설탕을 사용하지 않고 무침을 완성 후 마무리하는 과정에서 불을 끄고 설탕을 넣어 주면 딱딱해지거나 당으로 인해 굳는 현상을 예방할 수 있다.

일미채고추장무침 *Stir-fried Dried Squid Strips in Red Chili Paste*

맛있는 일미, 맛있는 고추장의 완상적인 조합, 일미채고추장무침

재료		1인분	100인분
주재료	백진미	15g	1.5kg
양념류	다진 마늘	1g	70g
	마요네즈	1g	70g
	고추장	2g	160g
	설탕	1g	70g
	물엿	2g	150g
	참기름	0.5g	30g
	식용유	1g	80g
	통깨	0.3g	20g

재료 준비(전처리)

1 진미채는 물에 가볍게 헹궈 수분을 제거해준다.

대량 조리방법

1 진미채에 마요네즈를 넣어 버무려준다
2 팬에 분량의 양념을 넣어 끓여준다.
3 진미채를 넣어 버무려 준다.

Key Point

- 진미채는 그냥 사용해도 되나 짠맛이 강하기 때문에 물에 가볍게 헹궈 사용하는 것이 좋다.
- 진미채를 헹궈 사용할 경우 더 부드러운 무침으로 완성할 수 있다.
- 양념이 완성되면 조물조물 버무리듯 무쳐서 완성하는 것이 좋다.

단체급식에 응용할 팁

＊ 대량 조리 시 양념으로 인해 뭉치는 현상이 있을 수 있어 맛술을 사용하면 좋다.
＊ 대량 조리 시에는 양념을 오래 끓이는 것보다 끓으면 바로 불을 끄고 무쳐주는 것이 좋다.

잔멸치견과류볶음 *Stir-Fried Anchovies And Nut*

고소한 재료들의 만남, 영양 가득 잔멸치견과류볶음

재료		1인분	100인분
주재료	잔멸치	20g	2kg
	아몬드(슬)	5g	500g
	크랜베리	5g	400g
	땅콩	5g	500g
양념류	다진 마늘	1g	70g
	간장	0.5g	30g
	설탕	1g	80g
	물엿	2g	160g
	참기름	0.5g	40g
	후추	0.1g	3g
	식용유	1g	80g

🎧 재료 준비(전처리)

1 잔멸치는 물에 가볍게 헹궈 볶는다.

2 견과류를 볶아서 준비한다.

🎧 대량 조리방법

1 분량의 양념을 이용하여 양념장을 만든다.

2 팬에 양념을 넓게 펴 주고 잔멸치를 넣어 볶아준다.

Key Point

• 멸치볶음 조리 시 물에 가볍게 헹궈 볶아서 사용하는 것이 짠맛을 줄일 수 있어 좋다.

• 짠맛으로 인해 간장을 사용하지 않는 것이 보편적이나 간장이 들어가야 볶음의 맛이 나기 때문에 소량을 사용하고 설탕이나 물엿을 사용하여 짠맛을 줄이면 좋다.

• 양파, 대파 등 다양한 채소를 사용하는 것이 좋으며, 사용 시에는 별도로 볶아 섞어주는 것이 좋다.

단체급식에 응용할 **팁**

＊ 대량 조리 시 물에 헹군 잔멸치를 수분을 제거하고 튀기듯, 기름을 충분히 두르고 볶아주면 좋다.

＊ 대량 조리 시 견과류, 채소 등 전체 재료를 따로따로 볶아 섞는 것이 좋다.

＊ 채소 사용이 많으면 수분이 발생할 수 있으며, 이로 인해 멸치에서 비린 맛이 날 수 있어 주의하도록 한다.

잡채 *Stir-fried Glass Noodles and Vegetables*

국민 반찬 잡채, 어떠한 재료를 사용할지 먼저 고민이 되는 메뉴

재료		1인분	100인분
주재료	당면	30g	3kg
	돼지고기 채	10g	1kg
양념류	다진 마늘	1g	80g
	간장	4g	350g
	설탕	2g	150g
	참기름	0.5g	40g
	후추	0.1g	3g
	통깨	0.2g	20g
	식용유	1g	80g
부재료	대파	3g	300g
	양파	15g	1.2kg
	당근	5g	400g
	시금치	20g	2kg
	어묵	20g	2kg
	목이버섯	0.2g	200g

재료 준비(전처리)

1 당면을 불려서 3등분한다.
2 돼지고기 채는 불고기 양념하여 준다.
3 채소는 채 썰어 준비한다.
4 목이버섯은 불려서 준비한다.

대량 조리방법

1 당면을 살짝 데쳐 준다.
2 대파, 양파, 당근은 소금 간하여 볶아준다.
3 시금치는 데쳐서 양념에 무쳐준다.
4 목이버섯은 손으로 뜯어 참기름과 소금으로
  간한 다음, 볶아준다.
5 어묵은 간장양념에 볶아준다.
6 양념한 돼지고기 채는 볶아준다.
7 솥에 간장, 물, 설탕, 후추를 넣어 당면을 삶
  듯이 볶아준다.
8 모든 재료를 섞어서 마무리한다.

Key Point

- 잡채는 매운맛이 강한 고추기름, 후추 등
  을 사용하면 맛이 좋다.
- 돼지고기 채, 어묵은 짠맛과 단맛이 강하게 조리하며 잡
  채의 전체 맛을 조화롭게 해준다.
- 채소류를 많이 사용하면 서로 달라붙는 현상을 막을 수
  있다.
- 당면은 최소 2시간 이상 불려주는 것이 좋다.
- 당면을 끓는 물에 살짝 데쳐서 다시 볶으면 전분질이
  제거되어 조리 완료 후 뭉치는 현상을 예방할 수 있다.

단체급식에 응용할 팁

＊ 당면은 1박스(13kg)일 때 간장 1바가지(2리터)가 간이 적당하다.
＊ 당면을 제외한 모든 재료는 미리 볶아 식혀 준비하고, 당면을 볶아내고 식혀둔 재료를 섞어 빠르게 식
  혀주면 당면이 달라붙거나 뭉치는 현상을 막을 수 있다.

탕평채 *Mung Bean Jelly Salad*

청포묵과 숙주의 만남이 또 다른 맛을 만들어낸 탕평채

	재료	1인분	100인분
주재료	청포묵	50g	5kg
	숙주	20g	2kg
양념류	다진 마늘	1g	70g
	진간장	2g	160g
	설탕	1g	60g
	소금	2g	150g
	참기름	1g	70g
	통깨	0.5g	30g
부재료	대파	1g	80g
	당근	2g	150g
	미나리	10g	800g
	김가루	0.3g	30g

🍴 재료 준비(전처리)

1 청포묵은 0.5cm 두께로 채 썰어 준다.

2 미나리, 당근은 채 썰어 준비한다.

🍴 대량 조리방법

1 끓는 물에 소금을 넣어 청포묵을 데친다.

2 청포묵은 간장, 소금, 참기름을 이용하여 밑
   간해 둔다.

3 채소류를 데치고, 숙주는 삶아 식혀준다.

4 숙주와 채소를 분량의 양념에 무쳐준다.

5 청포묵을 넣어 무친다.

6 김가루를 뿌려 마무리한다.

Key Point

• 청포묵은 오래 데치면 부서지기 쉬우므
로 색이 투명해질 때까지 데쳐준다.

• 청포묵은 간이 잘 배지 않기 때문에 밑간해두는 것이
좋다.

• 달걀지단을 이용해도 좋다.

단체급식에
응용할 팁

＊ 김가루는 배식 시 뿌려 주는 것이 좋다.

＊ 잘 부서지기 쉬우므로 밑간한 청포묵을 소분하여 두었다가 배식 직전 채소와 함께 버무리는 것이 좋다.

급식에서 한식 메뉴
부반찬 2

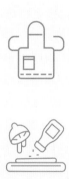

강낭콩 조림 *Stewed kidney beans*

강낭콩을 부드럽게 간장을 이용하여 조리는 메뉴

재료		1인분	100인분
주재료	강낭콩	25g	2.5kg
양념류	진간장	10g	900g
	물엿(조청)	10g	1kg
	설탕	3g	300g
	맛술	3g	150g
	통깨	0.5g	15g

- 강낭콩은 불려 둘 수 있으면 1시간 이상 불려서 사용하면 좋다.
- 조림의 맛 비결은 간장, 설탕을 넣고 먼저 조려 내고 마무리하는 과정에서 물엿을 넣어 센 불에서 조림을 완성하면 윤기가 나고 간이 적당하고 맛이 좋다.
- 다른 콩보다 물러지기 쉬우므로 조림 시 주의한다.

🍳 재료 준비(전처리)

1 강낭콩은 물로 깨끗이 씻어준다.
2 분량의 양념 재료를 준비한다.

🍳 대량 조리방법

1 씻어둔 강낭콩은 콩이 자작하게 잠길 정도의 물에서 삶아준다.
2 물이 절반가량 줄어들었을 때 분량의 양념 재료를 넣어 조려낸다.

＊ 대량 조리 시 간을 하는 간장량은 줄이고 단맛을 내는 재료는 그대로 유지하면 좋다.

검은콩 조림 *Black bean stew*

간장 양념을 이용하여 조린 요리

	재료	1인분	100인분
주재료	검은콩	25g	2.5kg
양념류	진간장	10g	900g
	물엿(조청)	10g	1kg
	설탕	3g	300g
	맛술	3g	150g
	통깨	0.5g	15g

- 검은콩은 불려 둘 수 있으면 3시간 이상 불려서 사용하면 좋다.
- 조림의 맛 비결은 간장, 설탕을 넣고 먼저 조려 내고 마무리하는 과정에서 물엿을 넣어 센 불에서 조림을 완성하면 윤기가 나고 간이 적당하고 맛이 좋다.

🥢 재료 준비(전처리)

1 검은콩은 물로 깨끗이 씻어준다.
2 분량의 양념 재료를 준비한다.

🥢 대량 조리방법

1 씻어둔 검은콩은 콩이 자작하게 잠길 정도의 물에서 삶아준다.
2 물이 절반가량 줄어들었을 분량의 양념 재료를 넣어 조려낸다.

단체급식에 응용할 **팁**

＊ 대량 조리 시 간을 하는 간장의 양은 줄이고 단맛을 내는 재료는 그대로 유지하면 좋다.

땅콩 조림 *Braised Peanuts*

간장 양념을 이용하여 볶는 요리

	재료	1인분	100인분
주재료	땅콩	40g	4kg
양념류	진간장	4g	300g
	물엿(조청)	2g	200g
	설탕	2g	150g
	통깨	1g	15g
	식용유	3g	200g
	다진 마늘	1g	30g
	참기름	0.5g	20g

🥄 재료 준비(전처리)

1 땅콩은 팬에 기름을 두르고 볶아준다.
   (볶음 땅콩 사용 가능)
2 껍질을 제거한다. (제거하지 않아도 됨)

🥄 대량 조리방법

1 볶은 땅콩은 분량의 양념을 넣어 볶듯이 조려 준다.
2 참기름과 통깨로 마무리한다.

- 볶은 땅콩을 사용하면 편리하다.
- 조림의 맛 비결은 간장, 설탕을 넣고 먼저 조려 내고 마무리하는 과정에서 물엿을 넣어 센 불에서 조림을 완성하면 윤기가 나고 간이 적당하고 맛이 좋다.

단체급식에 응용할 팁

* 땅콩조림은 콩이 부드럽게 조리는 방법과 볶듯이 간단히 조리는 방법이 있다.
  (건조가 많이 진행된 땅콩은 볶듯이 조리고, 생땅콩의 경우 부드럽게 조려준다)
* 대량 조리 시 간을 하는 간장의 양은 줄이고 단맛을 내는 재료는 그대로 유지하면 좋다.

가지나물 *Eggplant Salad*

최소한의 양념을 이용하여 재료 본연의 맛을 살려 조리한다

	재료	1인분	100인분
주재료	가지	100g	10kg
양념류	국간장	2g	160g
	다진 마늘	1g	60g
	소금	1g	60g
	통깨	0.5g	40g
	참기름	1g	60g
부재료	양파	20g	2kg
	대파	5g	400g

🥣 재료 준비(전처리)

1 가지는 깨끗하게 씻어 준다.
2 가지는 편으로 썰어 어슷썰기 한다.
3 양파는 슬라이스, 대파는 송송 썰어준다.

🥣 대량 조리방법

1 솥에 타공팬을 이용하여 가지를 쪄낸다.
2 쪄낸 가지를 솥에 넣어 분량의 양념을 하여 살짝 볶아준다.
3 오래 볶지 않고 고루 섞어 제공한다.

 Key Point

• 제철이라도 가지는 껍질이 질길 경우가 종종 있으며 이럴 때는 껍질의 일부를 제거하여 조리하면 좋다.
• 소금을 이용하여 간을 할 수도 있지만 국간장을 주로 하여 간을 하면 가지 본연의 맛을 최대한 살려 낼 수 있다.
• 고춧가루를 사용하여 조리하면 또 다른 맛을 느낄 수 있다.
• 양파를 사용할 경우 양파는 완전히 무를 정도로 볶아주며 가지의 부드러운 맛과 잘 어울린다.
• 청·홍고추를 다져서 사용하면 색을 살려 줄 수도 있고 매콤한 맛을 더해, 색다른 맛을 즐길 수 있다.

 단체급식에 응용할 팁

＊ 쪄낸 가지를 바로 양념하는 방법, 살짝 데쳐서 볶는 방법, 생가지를 바로 볶는 방법 등 다양한 방법도 있다.

고사리나물 *Bracken Salad*

삶아 말리고 다시 불리고 삶아서 볶아 먹는 과정은 어렵지만 맛있는 메뉴

	재료	1인분	100인분
주재료	고사리	80g	8kg
양념류	국간장	4g	350g
	다진 마늘	1g	70g
	통깨	0.5g	40g
	참기름	0.3g	30g
	식용유	5g	300g
부재료	대파	2g	200g

🥢 재료 준비(전처리)

1 특유의 아린 맛, 쓴맛을 제거하기 위해 충분히 물에 담가둔다.
2 고사리 줄기 부분 중 질긴 부분을 제거한다.

🥢 대량 조리방법

1 솥에 고사리와 고사리의 동량의 물을 넣어 삶아낸다.
2 물이 줄어들면 식용유 및 분량의 양념을 넣어 볶아준다.

Key Point

• 고사리는 수확 당시 질긴 부분을 제거하지만, 일부 제거되지 않은 부분이 남아 있을 수 있으며 마른 상태에서는 구분이 되지 않아 제거가 어렵다.
• 불린 고사리의 경우 질긴 줄기 부분이 구분되며 가능한 제거할 수 있도록 한다.
• 고사리는 특유의 아린 맛과 쓴맛을 가지고 있으며 이를 제거하기 위해서는 충분히 물에 담가 주는 것이 좋은데 수시로 물을 갈아 주면서 담가야 효과가 있다.
• 조리 시 바로 볶는 것보다 고사리와 동량의 물을 넣어 물이 없어질 때까지 끓여주다가 물이 없어지면 양념하여 볶아주면 부드러운 고사리나물을 완성할 수 있다.

단체급식에 응용할 팁

＊ 불린 고사리를 한 번 삶은 후 찬물에서 다시 한번 아린 맛과 쓴맛을 제거하는 것이 좋다.

깻잎나물 *Stir-fried Perilla Leaves*

향긋한 깻잎 향이 가득한 나물요리

	재료	1인분	100인분
주재료	깻잎순	40g	4kg
양념류	대파	1g	60g
	다진 마늘	0.5g	30g
	국간장	2g	150g
	소금	0.3g	30g
	통깨	0.3g	40g
	참기름	0.5g	30g

🎧 재료 준비(전처리)

1 꼭지나 질긴 줄기 부분을 제거한다.
2 깨끗이 씻어 준다.

🎧 대량 조리방법

1 솥에 물이 끓으면 소금을 넣어 준다.
2 깻잎순을 끓은 물에 넣어 한 번 젓고 바로 건져 준다.
3 흐르는 물에서 빠르게 식히고 물기를 제거한다.
4 분량의 양념을 넣어 버무려 준다.

Key Point

• 깻잎순은 부드러운 잎으로 단시간 데쳐야 향이 살아 있어 맛이 좋다.
• 마늘은 맛을 더하지만 과하면 오히려 맛을 상하게 함으로 조금은 부족한 양으로 사용한다.

단체급식에 응용할 팁

＊ 데칠 때 깻잎이 끓는 물에 잠기지 않은 부분은 검게 변할 수 있으니 조심한다.
＊ 대량으로 조리 시 최대한 넓은 용기에서 들었다 놨다를 반복하면서 물러지지 않도록 한다.

도라지나물 *Doraji vegetable*

쓴맛을 제거하면 좋지만 적당한 쓴맛이 더 맛을 내는 도라지나물

	재료	1인분	10kg
주재료	도라지	50g	5kg
양념류	대파	0.5g	40g
	다진 마늘	1g	60g
	통깨	0.3g	20g
	소금	3g	250g
	식용유	5g	200g

- 조금은 과한 정도로 소금으로 치대어 준다. (방망이로 두드리는 효과처럼 힘을 주어 치대어 주면 더 좋음)
- 흐르는 물에서 쓴맛과 짠맛을 같이 빼준다.
- 도라지나물은 참기름 등 기타 향이 강한 재료를 사용하는 것보다 자연스럽게 볶아 주어야 도라지 향이 더 강해 맛이 좋다.

🍴 재료 준비(전처리)

1 쓴맛 제거를 위해 소금으로 치대어 준다.
2 흐르는 물에 담가 쓴맛을 제거한다.

🍴 대량 조리방법

1 팬에 기름을 두르고 도라지를 볶아준다.
2 분량의 양념을 더해 볶아준다.
3 참기름을 사용하지 않고 마지막에 통깨를 넣어 도라지의 향이 나도록 조리한다.

단체급식에 응용할 팁

＊ 대량으로 조리 시 수분이 많이 발생할 수 있으므로 수분을 충분히 제거하거나 센 불에서 볶아주면 좋다.

무나물 *Radish Salad*

볶을 때마다 맛이 다른 무나물, 더 맛있게 조리하는 방법은 무엇일까?

	재료	1인분	100인분
주재료	무	100g	10kg
양념류	대파	3g	200g
	다진 마늘	1g	60g
	소금	3g	250g
	들기름	1g	80g
	통깨(들깨)	0.3g	20g

Key Point

- 참기름과 들기름을 섞어서 사용해도 좋다.
- 수분이 부족하다고 생각하면 쌀뜨물이나 물을 소량 넣어 수분이 빠르게 생기도록 하여 기름에 볶는 것이 아니라 자작한 물에 볶아내듯 해야 맛이 좋다.
- 마무리로 통깨 또는 들깨를 사용하면 더 좋다.
- 쓴맛이 있다면 소량의 설탕을 사용해주면 쓴맛을 제거해 줄 수 있다.

🎧 재료 준비(전처리)

1 무는 조리를 하기 전에 채 썰어준다.
2 수분이 마르지 않도록 주의한다.

🎧 대량 조리방법

1 팬에 들기름, 마늘을 두르고 무를 볶아준다.
2 소금으로 양념을 하여 볶아준다.
3 대파를 넣어 볶아주고 통깨 또는 들깻가루로 마무리한다.

단체급식에 응용할 팁

＊ 대량 조리 시에는 무채를 팬에 넣고 식용유를 넣어 버무린 후 볶으면 타지 않고 색이 고르게 익는다.

숙주나물 *Mung Bean Sprout Salad*

데치는 시간에 따라 맛이 다른 숙주나물

	재료	1인분	100인분
주재료	숙주	100g	10kg
양념류	대파	1g	80g
	다진 마늘	1g	80g
	소금	3g	250g
	통깨	0.5g	30g
	참기름	0.5g	40g

📖 재료 준비(전처리)

1 다량의 물에 씻어야 숙주나 부서지지 않는다.

2 깨끗하게 씻어 준비한다.

📖 대량 조리방법

1 끓는 물에서 소량이면 5초, 대량이면 15초 정도면 데치는 시간으로 충분하다.

2 데치는 시간에 따라 맛이 달라지므로 주의하여 조리하도록 한다.

3 숙주는 데치고 찬물에서 빠르게 식혀준다.

4 무침 시 간하는 것에 주의한다.

Key Point

• 숙주나물은 생으로 먹듯 살짝만 데쳐서 먹으면 숙주의 향이 강한 메뉴로 완성된다.

• 숙주나물을 충분히 데치면 숙주의 향은 약하지만, 나물의 느낌이 더한 메뉴로 완성된다.

• 하지만 숙주의 수분이 빠져 조리 후 부피가 절반으로 줄어들 수 있어 주의가 필요하다.

• 부재료로 당근채, 미나리 등을 활용하기도 한다.

단체급식에 응용할 팁

＊ 대량으로 무침 시 소량의 소금을 넣어 살짝 무쳐주면 수분이 발생하는데 이때 발생한 수분에 소금을 더 넣어 간을 하고 간한 물을 이용해서 무침을 하면 더욱 간을 고르게 할 수 있다.

시금치나물 *Spinach Salad*

계절에 따른 맛이 다른 시금치 나물, 제철 시금치는 나물의 왕

재료		1인분	100인분
주재료	시금치	90g	9kg
양념류	대파	2g	160g
	다진 마늘	1g	80g
	국간장	0.5g	40g
	소금	0.5g	40g
	통깨	0.3g	20g
	참기름	0.5g	40g

🔪 재료 준비(전처리)

1 시금치는 크기에 따라 반을 자르거나 뿌리를 반을 갈라 손질한다.
2 뿌리를 사용하는 것이 메뉴의 완성도가 높으며, 이로 인해 흙 제거에 주의한다.

🔪 대량 조리방법

1 시금치를 데치기에 충분한 크기의 솥을 이용하는 것이 좋다.
2 솥에 물이 끓으면 소량의 소금을 넣고, 시금치를 빠르게 데쳐낸다.
3 데쳐낸 시금치는 찬물에 씻어 색이 변하지 않도록 한다.
4 데친 시금치의 수분을 최대한 제거하고 분량의 양념으로 무쳐낸다.

Key Point

· 소량의 소금을 넣어 색을 유지 시켜준다
· 오래 데치면 색이 변하고 무르게 되어 시금치나물의 맛이 떨어지므로 주의한다.
· 시금치나물을 무칠 때는 마늘이 맛을 더하기는 하나 뭉쳐진 마늘이 있다면 오히려 맛을 떨어트리는 요인이 되므로 주의하도록 한다.
· 시금치나물은 국간장과 소금을 적절히 섞어 사용하면 더 맛과 색이 좋다.

단체급식에 응용할 팁

＊ 대량 조리 시 꼭 물이 끓어오를 때 넣어 전체가 데쳐지는 시간이 고르도록 한다.

참나물 *Namul de Pimpinella*

향으로 한 번 더 먹게 되는 참나물

재료		1인분	100인분
주재료	참나물	90g	9kg
부재료	대파	3g	200g
	다진 마늘	2g	160g
	소금	2g	180g
	통깨	0.5g	30g
	참기름	1g	50g

Key Point

- 시중에 판매되는 참나물은 대부분 억센 참나물이 유통된다.

(부드러운 참나물을 찾아보기 힘들다. 부드러운 참나물은 연녹색)

- 참나물을 무칠 때 된장을 소량 사용하면 또 색다른 맛을 느낄 수 있으며, 고춧가루를 사용해도 맛이 좋다.

재료 준비(전처리)

1 참나물은 잎과 줄기가 상하지 않도록 세척한다.

2 참나물이 줄기가 억세 보이면 과감히 줄기 쪽을 제거한다.

대량 조리방법

1 참나물은 특유의 향을 가지고 있으며, 데치는 과정에서 맛이 좌우된다.

2 참나물은 빠르게 데친다고 생각하기보다는 한숨을 더 기다렸다 건져 찬물에서 식혀준다.

3 데친 참나물의 수분을 최대한 제거하고 분량의 양념으로 무쳐낸다.

단체급식에 응용할 팁

＊ 참나물은 부드러운 여린 잎이라면 끓는 물에 빨리 데쳐내는 것이 좋으나 대부분의 참나물의 경우 충분히 데쳐서 무쳐주는 것이 좋다.

호박나물 *Namul de courgettes*

주키니호박, 애호박 등 다양한 호박마다의 맛을 즐겨보자

재료		1인분	100인분
주재료	호박	80g	8kg
양념류	대파	3g	200g
	다진 마늘	2g	200g
	소금	2g	180g
	통깨	0.5g	40g
	참기름	0.5g	50g
	식용유	5g	300g
부재료	양파	15g	1.5kg

🔲 재료 준비(전처리)

1 호박은 반달 모양으로 써는 것이 보편적이다.

2 애호박 대신 주키니 호박을 이용한다면 두께
   를 얇게 자른다.

3 소금에 절여 나물을 할 수도 있다.

🔲 대량 조리방법

1 솥에 물이 끓으면 호박을 넣어 데쳐낸다.
   (70% 정도 익혀준다)

2 호박을 건져내기 전에 양파를 넣어 준다.

3 데쳐내고 나서 찬물에 식히지 않고 남은 열로
   조금 더 익혀지도록 둔다.

4 팬에 기름을 두르고 분량의 양념 재료를 넣어
   데쳐낸 호박, 양파를 넣어 볶아준다.

Key Point

• 호박볶음은 양파를 무르게 볶아주면 더
잘 어우러져 맛이 더 좋다.

• 마늘은 투박하게 다져 사용하면 호박의 맛을 더 해준다.

• 호박나물을 완성할 때는 통깨, 참기름을 넉넉히 사용하
면 더 좋다.

단체급식에
응용할 팁

* 조리 시 많은 양의 물이 생기면 안 되지만 적당히 물이 생겨도 좋다.

* 데치지 않고 조금씩 센 불에 바로 볶아서 활용하는 방법도 있다.

도라지생채 *Bellflower Root Fresh Salad*

도라지 향이 좋아 메뉴가 좋다. 써는 두께에 따라 맛도 달라진다

재료		1인분	100인분
주재료	도라지	30g	3kg
양념류	다진 마늘	1g	80g
	고추장	7g	600g
	식초	3g	250g
	설탕	3g	250g
	통깨	0.5g	40g
	고춧가루	3g	200g
부재료	실파	5g	300g
	무	30g	3kg

🍴 재료 준비(전처리)

1 도라지는 흐르는 물에서 쓴맛을 제거한다.

2 채썰기는 얇은 채 또는 굵은 채썰기 등 어떠한 방법도 괜찮다.

3 실파는 고명용으로 송송 썰어준다.

🍴 대량 조리방법

1 채 썬 도라지는 소금에 살짝 절여준다.

2 무도 도라지와 같이 채 썰어 소금에 살짝 절여준다.

3 도라지와 무는 씻어 짠맛을 빼주고 물기를 제거한다.

4 분량의 양념 재료를 이용하여 초고추장을 만든다.

5 도라지와 무를 고춧가루로 먼저 버무리고, 양념을 넣어 버무려 준다.

Key Point

• 도라지는 나물 조리 때처럼 소금으로 문질러 씻으면 도라지의 아삭한 맛을 줄어들 수 있어 흐르는 물에서 쓴맛을 제거하고 소금에 살짝 절여 주는 정도로 전처리한다.

• 도라지의 쓴맛을 과하지만 않다면 그 특유의 맛이므로 애써 제거하지 않는 게 좋다.

• 도라지에 고춧가루를 먼저 버무려 수분을 제거하고 초고추장에 버무리면 수분 발생을 막을 수 있다.

단체급식에 응용할 팁

＊ 도라지는 도라지 단독으로 무침을 하는 것도 좋으나 대량 조리 시 단가가 높아 무, 미나리, 실파, 오이 등과 함께 조리하면 맛도 좋고 재료비 사용에 용이하다.

무생채 *Julienne Radish Fresh Salad*

시원한 무생채, 겨울 무의 무생채는 생채의 최고봉

재료		1인분	100인분
주재료	무	70g	7kg
양념장	대파	3g	200g
	다진 마늘	1g	80g
	굵은 고춧가루	2g	180g
	고운 고춧가루	1g	70g
	소금	2g	150g
	식초	2g	170g
	설탕	2g	170g
	통깨	0.5g	40g
	참기름	0.2g	10g

🍴 재료 준비(전처리)

1 무는 깨끗이 씻어 준비한다.
2 무채는 무침을 하기 직전에 하는 것이 좋다.

🍴 대량 조리방법

1 무는 고춧가루로 먼저 버무려 준다.
2 분량의 양념 재료로 양념을 만든다.
3 무에 양념을 넣어 버무려 준다.
4 참기름은 배식 직전 또는 조리 완료 시점에 넣어 준다. (통깨를 많이 사용할 경우 참기름은 생략)

 Key Point

• 무는 마르지 않도록 주의하고 조리 직전에 채 썰어 준다.
• 무를 소금과 설탕으로 절여 사용하는 경우도 있으며 부피감이 줄어들어 재료비 상승 요인이 될 수 있으며, 아삭한 맛을 줄어들지만 양념이 잘 스며들어 맛이 좋다.
• 무생채에 통깨를 다량 사용하고 참기름은 사용하지 않는 것도 좋다.

 단체급식에 응용할 팁

* 무생채는 만들고 바로, 또는 만들고 나서 한 끼가 지나고 나서가 맛이 좋다.
 (다 무친 바로 직후와 일정하게 절여진 상태가 맛이 좋다.)
* 고춧가루를 고운 것과 굵은 것 두 가지를 동시에 사용할 때는 고운 고춧가루를 이용하여 먼저 무의 색을 살려주고 양념과 함께 굵은 고춧가루를 사용하면 좋다.

미나리무침 *Wild Parsley Salad*

향으로 먹고 맛을 먹고, 다양한 재료와도 잘 어울리는 미나리무침

	재료	1인분	100인분
주재료	미나리	50g	5kg
양념장	대파	5g	300g
	다진 마늘	1g	80g
	굵은 고춧가루	2g	100g
	고추장	5g	400g
	설탕	3g	250g
	식초	3g	250g
	통깨	0.5g	30g
	참기름	0.5g	30g

🍴 재료 준비(전처리)

1 벌레, 이물이 많은 식재료라 여러 번 세척한다.

2 줄기와 잎이 상하지 않도록 한다.

🍴 대량 조리방법

1 고춧가루를 이용하여 미나리를 먼저 무쳐 수분을 제거한다.

2 분량의 양념 재료를 이용하여 초고추장을 만든다.

3 미나리에 초고추장을 넣어 잎과 줄기가 최대한 상하지 않도록 조심해서 무쳐준다.

Key Point

• 미나리는 수확하는 시기에 따라 맛과 향이 많이 달라진다.

• 이물질이 많은 식재료라 세척에 특별히 신경을 쓴다.

단체급식에 응용할 팁

✱ 미나리의 단가가 높을 때는 다양한 식재료를 섞어도 잘 어울린다. (무, 오이, 깻잎, 양파, 당근 등)

✱ 조리 후 물이 많이 생기는 메뉴로 소분하여 그때그때 추가로 조리하는 것을 권장한다.

오이무침 *Cucumber Salad*

다양한 양념으로 다양한 조리가 가능한 오이무침

	재료	1인분	10kg
주재료	오이	70g	7kg
양념류	대파	3g	200g
	다진 마늘	2g	150g
	고춧가루	2g	150g
	진간장	2g	160g
	설탕	3g	230g
	식초	3g	230g
	통깨	0.5g	30g

🎧 재료 준비(전처리)

1 오이는 소금을 이용하여 세척, 깨끗하게 손질 한다.
2 오이는 반으로 갈라 어슷썰기 한다.

🎧 대량 조리방법

1 오이는 고춧가루에 먼저 버무려 수분을 제거 한다.
2 분량의 재료로 양념장을 만든다.
3 오이와 양념을 버무려 준다.

Key Point

• 오이는 꼭지 부분에 쓴맛을 가지고 있어 사용하지 않는다.
• 수분이 많은 식재료라 양념을 하기 전 고춧가루로 버무려 수분 발생을 최소화한다.
• 오이를 무치는 양념은 다양하게 있다.
• 고춧가루, 간장 사용 여부에 따라 다양하게 맛을 낼 수 있다.

단체급식에 응용할 팁

＊ 대량 조리 시 소분하여 추가조리하는 것을 권장한다.
＊ 오이의 절단 방법에 따라 다양하게 이용한다. (반달, 채, 스틱, 원형, 깍둑형)

절임고추무침 *Pickled pepper salad*

간장고추지를 이용하여 간단한 양념으로 맛을 더한다

	재료	1인분	100인분
주재료	절임고추	35g	3.5kg
양념류	대파	3g	200g
	다진 마늘	2g	120g
	굵은 고춧가루	1g	80g
	물엿	2g	150g
	통깨	0.5g	30g
	참기름	0.3g	20g

🍴 재료 준비(전처리)

1 절임고추의 간장물을 제거한다.

🍴 대량 조리방법

1 분량의 양념 재료를 이용하여 양념장을 만든다.
2 고추에 양념장을 넣어 버무린다.

- 간장절임고추를 제공 시, 양념이 따로 있지 않아 성의 없이 제공된다는 의견으로 간단한 양념을 더해 맛을 살려주고 메뉴를 더 고급스럽게 한다.

단체급식에 응용할 팁

＊ 무쳤을 때 고추에 있던 간장물이 많이 발생하므로 필요할 때마다 무침을 하는 것이 좋다.
＊ 소금에 절인 고추도 사용할 수 있다.

참나물무침 *Short-fruit Pimpinella Salad*

향긋한 향을 느낄 수 있는 참나물무침

	재료	1인분	100인분
주재료	참나물	50g	5kg
양념류	대파	2g	150g
	다진 마늘	1g	80g
	고춧가루	2g	120g
	진간장	2g	160g
	설탕	2g	180g
	식초	2g	180g
	통깨	0.5g	30g

🍴 재료 준비(전처리)

1 참나물은 잎이 상하지 않도록 세척한다.
2 억센 줄기를 제거하고 자른다.

🍴 대량 조리방법

1 참나물은 고춧가루에 먼저 버무려 수분을 제거한다.
2 분량의 재료로 양념장을 만든다.
3 참나물과 양념을 버무려 준다.

Key Point

• 참나물은 여린 잎을 사용하는 것을 권장한다. (시중 대부분 판매되는 잎은 억셈)
• 고춧가루를 사용하지 않고 샐러드용으로도 가능하다.

단체급식에 응용할 팁

＊ 참나물무침은 시간이 지나고 수분이 발생하면 간이 부족해진다.
＊ 대량 조리 시 소분하여 추가 조리하는 것을 권장한다.

콩나물무침 *Bean Sprout Salad*

아삭한 식감, 쉽게 조리하고 맛이 좋은 콩나물무침

재료		1인분	100인분
주재료	콩나물	80g	8kg
양념류	대파	2g	150g
	다진 마늘	1g	80g
	고춧가루	2g	180g
	소금	3g	260g
	통깨	0.5g	40g
	참기름	0.5g	30g

🔲 재료 준비(전처리)

1 넓은 곳에서 콩나물이 상하지 않도록 세척한다.

🔲 대량 조리방법

1 콩나물을 데쳐, 소분하여 빠른 시간에 식힌다.

2 고춧가루와 참기름을 섞어 콩나물에 무쳐 색을 낸다.

3 분량의 양념을 이용하여 버무려 낸다.

Key Point

· 콩나물은 오래 삶으면 수분이 빠져 식감이 떨어지고 맛이 없다.

· 콩나물을 삶을 때는 찬물, 뜨거운 물 상관없이 조리할 수 있다.

· 콩나물은 삶고 찬물에서 식히는 것보다 소분하여 빨리 식혀주는 것이 맛이 좋다.

단체급식에
응용할 팁

＊ 다양한 식재와 함께 무쳐내면 맛이 더 좋다.(무, 배추, 대파, 실파, 당근, 미나리, 톳, 모자반 등)

풋고추양파된장무침 *Green chilli and onion with Soybean Paste*

풋고추와 양파를 이용한 된장 무침

재료		1인분	100인분
주재료	풋고추	30g	3kg
	양파	15g	1.5kg
양념류	다진 마늘	2g	150g
	고춧가루	0.5g	40g
	된장	10g	800g
	물엿	4g	360g
	통깨	0.5g	30g
	참기름	0.5g	40g

🔰 재료 준비(전처리)

1 고추는 썰어 씨를 제거한다.
2 양파는 매운맛이 나면 흐르는 물에서 매운맛을 제거한다.

🔰 대량 조리방법

1 분량의 양념을 이용하여 쌈장을 만든다.
2 고추와 양파를 쌈장에 버무려 준다.

Key Point

• 고추는 매운맛이 있는지 꼭 확인해야 한다.
• 오이를 같이 사용해도 좋다.

단체급식에 응용할 팁

∗ 대량 조리 시 양파 양을 늘려주면

부추겉절이 *Fresh Chive Kimchi*

영양 만점 부추, 참기름 향이 가득한 부추겉절이

	재료	1인분	100인분
주재료	부추	40g	4kg
양념류	다진 마늘	1g	80g
	다진 생강	0.1g	8g
	고춧가루	3g	250g
	멸치액젓	0.5g	40g
	설탕	1g	80g
	소금	1g	75g
	통깨	0.5g	30g
	참기름	0.5g	50g

📖 재료 준비(전처리)

1 부추는 깨끗이 씻어 준비한다.

2 부추는 4~5cm 크기로 썰어 준비한다.

📖 대량 조리방법

1 분량의 양념을 미리 만들어 둔다.

2 부추에 양념을 넣어 버무린다.

Key Point

• 부추는 오래 버무리거나 손이 많이 가면 풋내가 나서 맛이 없다.

• 부추겉절이는 통깨와 참기름을 다량 사용하여 고소함을 더하면 맛이 더 좋다.(돼지국밥 등 탕류와 곁들일 때는 참기름을 사용하지 않고 액젓, 설탕의 양도 줄여서 무침)

단체급식에 응용할 팁

＊ 대량 조리 시 풋내가 나고 물러질 수 있어 필요시마다 추가 조리하는 것을 권장한다.

＊ 메뉴에 따라 액젓 대신 소금, 식초나 간장, 식초로 새콤하게 조리하는 방법도 있다.

상추겉절이 *Fresh Lettuce Kimchi*

부드러운 식감의 상추, 상큼함을 더하면 최고의 맛은 내는 겉절이

	재료	1인분	100인분
주재료	상추	40g	4kg
양념류	대파	2g	150g
	다진 마늘	1g	80g
	고춧가루	2g	150g
	진간장	2g	150g
	설탕	1g	80g
	식초	1g	70g
	통깨	0.5g	20g
	참기름	0.5g	30g

🎧 재료 준비(전처리)

1 손이 많이 가면 물러질 수 있어 주의한다.

2 차가운 물에서 씻어 상추가 싱싱하게 되면 4~5cm 크기로 썰어 준비한다.

🎧 대량 조리방법

1 분량의 양념 재료를 이용하여 양념장을 만들어 준비한다.

2 상추에 양념장을 넣어 살짝 버무려 낸다.

Key Point

• 상추는 손질하는 동안 물러질 수 있어 주의하여 손질한다.

• 상추는 조리가 완료되면 그때부터 숨이 빠르게 죽을 수 있어 배식 직전에 조리하는 것이 좋다.

단체급식에 응용할 팁

＊ 대량 조리 시 소분하여 조리하는 것을 권장한다.

＊ 상추에 고춧가루만 살짝 묻혀주고 양념장을 위에 끼얹어 내는 방법도 있다.

열무겉절이 *Fresh Young Summer Radish Kimchi*

특유의 맛을 즐길 수 있는 열무, 흰 쌀밥과의 환상적인 맛 궁합

재료		1인분	100인분
주재료	열무	80g	8kg
양념류	다진 마늘	1g	80g
	다진 생강	0.1g	8g
	고춧가루	3g	250g
	멸치액젓	2g	140g
	설탕	2g	120g
	소금	2g	160g
	통깨	0.5g	30g
	참기름	0.5g	50g

🎵 재료 준비(전처리)

1 열무는 깨끗이 씻어 준비한다.
2 길이 4~5cm 크기로 썰어 준비한다.

🎵 대량 조리방법

1 분량의 양념 재료로 양념을 미리 만들어 둔다.
2 열무에 양념을 넣어 버무려 낸다.

Key Point

· 열무는 손이 많이 갈수록 풋내가 날 수 있어 무침 시 주의한다.
· 무침 이후 수분이 발생하면서 간이 쉽게 싱거워질 수 있다. (위쪽은 싱겁고 아래쪽은 짠 현상 발생)
· 무를 넣어 무치면 맛이 더 좋다.(무를 넣어 무칠 때는 무에 먼저 양념을 넣어 버무리고 무와 열무를 섞어 제공할 수 있음)

단체급식에 응용할 팁

* 대량 조리 시 소분하여 추가 조리 하는 것을 권장한다.
* 겉절이류는 양념장에 고춧가루는 빼고 준비하면 덩어리짐과 버무림이 쉽다. (고춧가루를 주재료에 먼저 버무린 후 양념장 넣기)

청경채겉절이 *Fresh Bok kyung choy Kimchi*

아삭함을 제대로 느낄 수 있는 청경채겉절이

재료		1인분	100인분
주재료	청경채	40g	4kg
	무	20g	2kg
양념류	대파	3g	200g
	다진 마늘	1g	80g
	다진 생강	0.1g	8g
	고춧가루	3g	250g
	멸치액젓	1g	80g
	설탕	2g	120g
	소금	3g	240g
	통깨	0.5g	30g
	참기름	0.5g	50g

🎧 재료 준비(전처리)

1 청경채는 뿌리를 완전히 제거하지 않고 손질한다.
2 청경채는 뿌리가 있는 상태에서 반을 갈라 채 썰기 한다.
3 무는 채 썰어 준비한다.

🎧 대량 조리방법

1 분량의 양념 재료로 양념을 미리 만들어 둔다.
2 청경채와 무에 양념을 넣어 버무려 낸다.

Key Point

• 청경채 조리 시 간장을 사용하지 않고 식초를 넣어 조리하면 색다른 맛을 느낄 수 있다.

단체급식에 응용할 팁

＊ 대량 조리 시 청경채는 수분이 많이 발생하는데 무와 함께 버무려 제공하기에 중간중간 무와 다시 버무려 준다.

건파래볶음 *Stir-fried seaweed*

파래의 맛과 달콤하고 짭짤한 맛, 고소한 맛이 일품인 건파래볶음

재료		1인분	100인분
주재료	건파래	5g	500g
양념류	설탕	2g	140g
	통깨	1g	50g
	소금	0.4g	32g
	참기름	0.3g	20g
	식용유	2g	180g

- 솥이 가열되면 건파래가 쉽게 탈 수 있으니 주의하여 볶아준다.
- 소량씩 들어가는 재료들이 뭉칠 수 있으니 주의하여 볶아준다.
- 처음에는 설탕을 소량만 넣어 솥에서 타는 현상을 없애준다

🔧 재료 준비(전처리)

1 건파래는 눅눅해지지 않도록 보관하여 준비한다.

🔧 대량 조리방법

1 마른 솥에 건파래를 넣어 볶아준다.

2 양념 재료인 식용유, 설탕, 소금을 소량씩 넣어가면서 볶아준다.

3 양념 재료와 통깨, 참기름 소량씩 넣어가면서 볶아준다.

단체급식에 응용할 팁

＊ 대량 조리 시 건파래에 식용유를 미리 버무린 후 볶으면 타는 것도 방지하고 고르게 볶을 수 있다.

＊ 대량 조리 시 눈에 보이는 양보다 배식 시 양이 더 많으므로 조리 시 양 체크를 잘 해야 한다.

급식에서 한식 메뉴

밥

쌀밥, 흰밥 *Cooked rice*

1 쌀 불리기

- 쌀을 불릴 때는 용기에 물을 먼저 받은 상태에서 쌀을 넣어 주면 첫물 버리는 시간이 줄어들어 맛있는 밥을 지을 수 있다.

- 쌀은 스펀지와 같다. 건조된 상태보다 처음 물에 들어가면 빠르게 물을 흡수하는데 이때 첫물을 빨리 버리고 2~3번 빠르게 물을 바꿔준다면 그만큼 좋다. 물 온도에 따른 불리는 시간이 달라지겠지만 보편적으로 여름 50~60분, 겨울 90~100분 정도 불리는 것이 적당하다.

- 쌀을 불릴 때 손으로 만지면 쉽게 부서질 수 있는데 불리기 시작할 때 두 손을 이용하여 손을 모으면서 살짝 문질러 주는 것이 좋다.

- 쌀을 불리는 순서는

  물을 받은 용기에 쌀을 넣어 빠르게 첫물 버리기

  두 번째 물을 받으면서 살짝 문질러 씻어 주기

  세 번째 또한 살짝 문질러 씻어주기

  네 번째 물은 받으면서 흐르는 물에서 쌀 불려주기

  첫 번째부터 세 번째까지 5분 정도의 시간에 끝내는 것이 좋다.

  네 번째 물은 불리는 시간이 끝날 때까지 손을 사용하지 않는 것이 좋다.

2 밥 짓기

- 물양 잡기

  불리지 않은 쌀   쌀:물=1:1.2

  불린 쌀   쌀:불린 쌀=1:0.9

- 밥 짓는 시간

  끓이기 15분, 뜸 들이기 15분

- 싸라기가 많은 쌀을 이용하여 밥을 짓게 되면 밥을 짓는 동안 쌀뜨물이 많이 발생하면서 위와 아래가 익은 정도가 다른 층밥이 될 수 있다.

- 취반기를 이용하여 밥을 지을 때는 35인분(2L 바가지로 3바가지) 정도가 가장 맛이 좋고 실패하지 않는 밥이 된다.

3 밥 배식하기

- 밥은 배식 직전 완성이 되도록 하는 것이 좋다.

- 밥이 완성되면 한 번 섞어주는 것이 좋다.

- 밥은 완성되고 25분 이내 배식하는 것이 좋고 배식 중 뚜껑은 열어두지 않는다.

- 배식 시간이 길어질 수 있을 때는 배식 전용 용기나, 보온 밥솥으로 옮겨 준다.

- 1인분 양은 쌀 120g을 기본 1인분으로 본다.

- 쌀은 11월 추수하면서 햅쌀이 나오기 시작하며 다음에 10월에 사용하는 쌀은 햅쌀이 나오기 전 쌀로 건조가 많이 진행된 상태다.

- 11월 이후 천천히 건조가 더 진행된 쌀을 사용하게 되며 물양은 자연스레 조금씩 늘려 사용하게 되는데, 문제는 10월 후 햅쌀이 들어오면 갑자기 많은 물양을 줄여야 하는 경우가 발생이 되어 주의해야 한다.

- 쌀은 도정 후 1주일 이내의 쌀을 사용하는 것을 권장한다.

- 씻은 쌀이 남게 되면 최대한 물기를 제거하고 빠르게 사용하는 것이 좋으며 밥물을 줄여 사용하는 것이 좋고 새로 씻은 쌀과는 섞지 않는 것이 좋다.

- 밥 빨리 짓는 방법
  - 취반기로 일반 밥 짓기 (28분 소요)
  - 취반기, 뜨거운 물로 밥 짓기 (23분 소요)
  - 압력밥솥으로 일반 밥 짓기 (20분 소요)
  - 압력밥솥, 뜨거운 물로 밥 짓기 (17분 소요)

- 가장 빠른 밥을 짓는 방법은? (따뜻한 물을 사용하는 시설일 때)
  1. 쌀을 따뜻한 물에 담근다.
  2. 압력밥솥은 따뜻한 물에 씻는다.
  3. 압력밥솥을 가스불 위에 올려 준다.
  4. 따뜻한 물을 압력밥솥에 넣어 준다.
  5. 압력밥솥에 물이 끓으면 쌀을 넣어 준다.

  위와 같은 방법으로 밥을 한다면 13분이면 밥이 완성된다.

무밥 *Radish rice*

무의 단맛과 밥의 단맛이 만나, 입맛을 사로잡는 단맛으로 탄생

재료		1인분	100인분
주재료	쌀	90g	9kg
	무	40g	4kg

• 무를 사용하게 되면 무에서 물이 많이 나오기 때문에 물의 양을 줄인다.

• 양념장을 곁들이면 더욱 맛있는 밥을 이용할 수 있다.

🥄 재료 준비(전처리)

1 쌀을 불린다.

2 무는 채 썰어 준비한다.

🥄 대량 조리방법

1 밥솥에 불린 쌀을 넣는다.

2 무채를 넣어 살짝 섞어준다.

3 물양은 쌀의 80% 만 사용한다.

4 밥을 짓는다.

＊ 무밥을 지을 자신이 없다면 흰밥에 무를 볶아서 섞는 것도 좋으나 흰밥을 지을 때 물양을 줄인다.

영양밥 *Nutritious rice*

다양한 잡곡과 뿌리채소를 이용하여 영양 넘치는 밥으로 완성

	재료	1인분	100인분
주재료	쌀	70g	7kg
	고구마	15g	1.5kg
	깐 밤	5g	500g
	검은콩	5g	500g
	단호박	10g	1kg
	대추	3g	300g
	흑미	3g	300g

- 영양밥은 정해져 있는 재료를 넣기보다는 사용할 수 있는 다양한 재료를 사용하는 것이 좋다.
- 영양밥이나 다양한 밥을 지을 때 물의 사용에 주의해야 하는데 물이 더 필요한 재료인지, 물이 많이 발생하는 재료인지를 고려하여 물양 조절에 주의한다.

🎧 재료 준비(전처리)

1 쌀, 흑미, 검은콩은 불린다.
2 채소류는 1~1.5cm 크기로 썬다.

🎧 대량 조리방법

1 밥솥에 불린 쌀을 넣는다.
2 준비된 전체 재료를 넣어 준다.
3 물양은 일반 밥을 지을 때와 동일하게 물양을 잡아준다.
4 밥을 짓는다.

단체급식에 응용할 팁

＊ 검은콩과 같이 불리는 시간이 오래 걸릴 수 있는 재료는 한 번 삶아서 사용하는 것이 좋고 삶은 물은 밥을 지을 때 사용하면 맛이 더 좋다.

오곡밥 *Five-grain rice*

정월대보름에 먹던 오곡밥, 자주 먹을 수 있으면 더 좋겠죠

재료		1인분	100인분
주재료	찹쌀	70g	7kg
	보리	20g	2kg
	수수	10g	1kg
	차조	10g	1kg
	기장	10g	1kg

- 보리는 밥을 짓는 것과 동일하게 취반기로 밥을 짓고 그 1차 보리밥을 불린 쌀과 동일하게 사용하면 쉽게 보리를 이용한 밥을 지을 수 있다.
- 물양은 보리를 삶거나 한번 밥을 짓고 난 후라면 일반 밥과 동일하게 밥을 지어주면 된다.
- 찹쌀을 많이 이용하여 밥을 지을 때는 소량의 소금을 넣어 주면 밥맛이 더욱 좋다.

🥄 재료 준비(전처리)

1 쌀, 수수는 불린다.
2 보리는 동일 양의 물에 삶는다.

🥄 대량 조리방법

1 밥솥에 불린 쌀을 넣어준다
2 준비된 전체 재료를 넣어 준다.
3 물양은 일반 밥을 지을 때와 동일하게 물양을 잡아준다.
4 밥을 짓는다.

단체급식에 응용할 팁

＊ 단체급식에서는 보리밥을 사용하는 데 불편이 있어 팥을 넣어 오곡밥으로 활용하기도 한다.

취나물밥 *Wild vegetable rice*

취나물 향이 가득하여 입맛을 살려주는 취나물밥, 양념장과 함께라면 밥만으로 한 끼 뚝딱

재료		1인분	100인분
주재료	쌀	110g	11kg
	취나물	15g	1.5kg
양념류	국간장	1g	80g
	다진 마늘	0.5g	40g
	참기름	0.2g	15g
	통깨	0.2g	18g
	식용유	1g	70g

🍴 재료 준비(전처리)

1 쌀을 불린다.

2 취나물을 데쳐서 흐르는 물에 식힌다.

🍴 대량 조리방법

1 솥에 분량의 양념을 넣고 취나물을 볶아준다.

2 솥에 쌀과 취나물을 넣고 섞어 준다.

3 물양은 쌀의 무게로만 일반 밥을 지을 때와 동일하게 물양을 잡아준다.

4 밥을 짓는다.

Key Point

• 취나물을 볶아서 밥과 섞어서 배식해도 맛이 좋다.

• 취나물을 볶을 때는 많은 양념을 넣지 않는 것이 좋다.

• 양념장을 곁들여주면 맛이 한결 좋아진다.

단체급식에 응용할 팁

＊ 건 취나물을 불려서 삶아서 사용하면 좋으며, 볶을 때 들기름을 이용하여 볶아서 밥을 하면 취나물의 향이 더 잘 배어든다.

콩나물밥 *Bean sprout rice*

양념장과 함께 하는 밥 중에 최고가 아닐까, 시원함이 느껴지는 콩나물밥

재료		1인분	100인분
주재료	쌀	90g	9kg
	콩나물	40g	4kg
	쇠고기	8g	700g
	당근	5g	400g
	표고버섯	10g	900g
양념류	국간장	1g	80g
	다진 마늘	0.5g	40g
	참기름	0.2g	15g
	통깨	0.2g	20g
	후추	0.1g	2g
	식용유	1g	70g

🍴 재료 준비(전처리)

1 쌀을 불린다.
2 콩나물을 깨끗이 씻고 당근은 채 썬다.
3 표고버섯은 편 썰기, 소고기는 다진다.

🍴 대량 조리방법

1 솥에 기름을 두르고 소고기와 표고버섯을 양념에 볶는다.
2 솥에 쌀을 넣고 콩나물, 당근, 소고기, 표고버섯을 넣어 섞는다.
3 물양은 쌀양의 80%만 넣는다.
4 밥을 짓는다.

Key Point

• 콩나물을 넣을 때는 쌀이 콩나물 위에 있게 되면 밥을 지었을 때 설익은 쌀알이 남게 되므로 주의한다.

단체급식에 응용할 팁

* 콩나물은 삶아서 삶은 물로 밥을 짓고 밥을 지은 후 콩나물을 섞어주면 콩나물의 식감이 살아있어 더 맛이 좋다.
* 당근, 소고기, 표고도 따로 볶아서 콩나물 섞을 때 함께 넣어도 된다.
* 양념장을 곁들여주면 맛이 한결 좋다.
* 양념장의 짠맛을 줄이기 위하여 두부를 으깨어 섞기도 한다.

쇠고기죽 *Beef porridge*

죽의 기본, 쇠고기죽으로 든든한 한 끼

	재료	1인분	100인분
주재료	쌀	70g	7kg
	쇠고기	10g	1kg
	표고버섯	15g	1.5kg
양념류	국간장	1g	80g
	다진 마늘	0.5g	40g
	참기름	0.2g	15g
	통깨	0.2g	20g
	후추	0.1g	2g
	식용유	1g	70g

🍴 재료 준비(전처리)

1 쌀을 불린다.
2 표고버섯은 편 썰기, 소고기는 다진다.

🍴 대량 조리방법

1 쌀은 방망이로 두들겨 싸라기를 만들어 준다.
2 솥에 기름을 두르고 소고기와 표고버섯을 양념에 볶아준다.
3 소고기가 익으면 쌀을 넣고 쌀알이 투명해질 때까지 볶아준다.
4 쌀알이 투명해지면 쌀의 6배 분량의 물을 넣어 끓여준다.
5 주걱으로 죽을 섞을 때 주걱이 지나간 길에 바닥이 보일 정도가 되면 완성이다.

Key Point

• 쌀은 1/3 크기로 싸라기를 내는 것이 좋다.
• 소고기를 볶을 때 이후에 물이 들어가기 때문에 완전히 볶아줘야 냄새가 나지 않는다.
• 쌀과 물양을 부피 비율로 1 : 6이면 적당한 죽이 완성된다.

단체급식에 응용할 팁

＊ 시간 절약을 위하여 생쌀 대신 밥 짓기 한 밥을 이용하여 죽을 끓이기도 한다.

급식에서 한식 메뉴
김치

포기김치 & 배추김치 *Kimchi(Pogikimchi)*

김치의 대표, 바로 먹어도 숙성을 시켜도 한국인의 입맛에는 빠질 수 없는 반찬

재료		1인분	100인분
주재료	배추	60g	6kg
양념류	멸치액젓	3g	280g
	새우젓	2g	200g
	고춧가루	4g	400g
	다진 마늘	1g	80g
	다진 생강	0.5g	40g
	설탕	1.5g	100g
	밀가루(쌀가루)	2g	120g
	다시마	1g	60g
	다시멸치	1g	80g
	양파	1g	100g
	대파	0.5g	50g
	소금(절임)	5g	400g

🔲 재료 준비(전처리)

1 배추는 4쪽으로 소금물에 절여준다.
2 절인 배추는 흐르는 물에서 짠맛을 제거하고 물기를 제거한다.

🔲 대량 조리방법

3 밀가루 풀을 준비한다.
4 다시마, 다시멸치, 양파, 대파를 이용하여 다시물을 진하게 만들어 준다.
5 밀가루 풀, 다시물, 양념 재료를 섞어 김치 양념을 만들어 준다. (1시간 이상)
6 배추 사이사이 양념을 넣어 포기김치를 완성한다.

   * 배추김치는 배추를 한입 크기로 썰어 동일한 방법으로 만들어 준다.

Key Point

• 배추김치는 절이는 시간이 중요한데 배추 잎의 줄기 부분을 반으로 접어서 쉽게 부서지지 않을 정도가 되면 적당히 절여진 상태로 볼 수 있다.
• 배추김치의 양념은 고춧가루가 충분히 숙성될 수 있도록 최소 한 시간 전에 양념을 만들어 두는 것이 좋다.
• 다시물은 진하게 만들어야 김치의 맛이 진해지지만, 여름 김치는 다시마만 넣어 육수를 만들어도 된다.
• 절임 배추의 수분을 충분히 제거하지 않으면 김치를 만들고 나서도 수분이 많이 발생이 될 수 있으니 주의한다.

단체급식에 응용할 팁

* 봄, 여름에 배추는 절일 때 설탕은 소금의 5분의 1 정도 넣어 절이면 배추의 맛이 좋다.

배추겉절이김치 *Fresh Cabbage Kimchi*

김치가 숙성되지 않아도 김치는 김치다

	재료	1인분	100인분
주재료	배추	60g	6kg
양념류	멸치액젓	3g	280g
	새우젓	2g	200g
	고춧가루	4g	400g
	다진 마늘	1g	80g
	다진 생강	0.5g	40g
	설탕	1g	100g
	물엿	0.5g	120g
	통깨	1g	60g
	소금	5g	400g

🍴 재료 준비(전처리)

1 배추는 잎을 찢듯 썰어 준다.
2 절인 배추는 흐르는 물에서 짠맛을 제거하고 물기를 뺀다.

🍴 대량 조리방법

1 분량의 양념 재료를 섞어 김치 양념을 만들어 준다. (30분 이상)
2 배추에 양념을 버무려낸다.

Key Point

• 배추김치는 절이는 시간이 중요한데 배추 잎의 줄기 부분을 반으로 접어서 쉽게 부서지지 않을 정도가 되면 적당히 절여진 상태로 볼 수 있다.

• 배추김치의 양념은 고춧가루가 충분히 숙성될 수 있도록 최소 30분 전에 양념을 만들어 두는 것이 좋다.

• 절임 배추의 수분을 충분히 제거하지 않으면 김치를 만들고 나서도 수분이 많이 발생이 될 수 있으니 주의한다.

• 숙성하는 메뉴가 아니므로 밀가루(찹쌀) 풀을 사용할 필요는 없다.

단체급식에 응용할 팁

＊ 배추겉절이 김치는 바로 해서 먹는 메뉴로 통깨를 많이 사용하여 고소한 맛을 살려 준다.
＊ 배추를 절이지 않고 생채 메뉴로도 가능하다.

열무김치 *Young Summer Radish Kimchi*

시원한 맛이 좋은 열무김치, 많은 메뉴와 잘 어울리는 김치

재료		1인분	100인분
주재료	열무	80g	8kg
양념류	멸치액젓	3g	280g
	새우젓	2g	200g
	고춧가루	4g	400g
	다진 마늘	1g	80g
	다진 생강	0.5g	40g
	설탕	1g	100g
	물엿	0.5g	120g
	통깨	1g	60g
	찹쌀가루	3g	200g
	소금	5g	400g

🍴 재료 준비(전처리)

1 열무는 뿌리를 제거하고 3~4cm 크기로 썰어 준다.
2 손이 많이 가면 풋내가 날 수 있으니 조심해서 깨끗이 씻어 준다.

🍴 대량 조리방법

1 열무는 소금물에 절인 다음, 흐르는 물에 헹궈 주고 물기를 제거한다.
2 찹쌀가루를 이용하여 풀을 만든다.
3 분량의 양념 재료를 이용하여 양념장을 만든다.
4 열무에 양념은 넣고 버무려 준다.

Key Point

· 열무김치는 실파를 곁들이면 좋다.
· 양념을 만들 때 배나 사과를 같이 사용하면 시원한 맛이 더 좋다.
· 열무김치는 건고추를 물에 불려 갈아서 사용하거나 홍고추를 갈아서 고춧가루와 섞어 사용해도 좋다.
· 열무는 손이 많이 갈수록 풋내가 날 수 있다.
· 숙성하는 메뉴가 아니므로 밀가루 풀을 사용할 필요는 없다.

단체급식에 응용할 팁

* 열무를 생으로 겉절이 및 생채로 조리할 수 있다.

깍두기 *Diced Radish Kimchi*

배추김치와는 또 다른 매력, 아삭아삭 깍두기

재료		1인분	100인분
주재료	무	70g	7kg
	쪽파	5g	350g
양념류	멸치액젓	3g	280g
	새우젓	2g	200g
	고춧가루	4g	350g
	다진 마늘	1g	80g
	다진 생강	0.5g	40g
	설탕	1g	80g
	소금	2g	160g
	설탕(절임)	2g	160g
	소금(절임)	3g	250g

🍴 재료 준비(전처리)

1 무는 깨끗이 씻어 껍질을 제거한다.

2 무는 1.5~2cm 크기로 썰어 준다.

🍴 대량 조리방법

1 무는 소금, 설탕을 이용하여 절인다.

2 분량의 양념 재료를 이용하여 양념장을 만든다.

3 무에 양념을 넣고 버무려 준다.

Key Point

• 무를 절일 때 소금과 설탕을 같이 사용하는 것이 좋다.

• 무김치는 김치를 만들고 나서 바로는 무의 매운맛이 있으므로 숙성이 진행된 이후 먹을 수 있도록 한다.

단체급식에 응용할 팁

＊ 절임 시 소쿠리를 이용하여 처음 발생하는 물은 흘려보내고 이후에 발생하는 물은 양념과 함께 사용해도 시원한 깍두기를 만들 수 있다.

섞박지 *Radish and Cabbage Kimchi*

설렁탕과 같은 탕과 잘 어울리는 섞박지

	재료	1인분	100인분
주재료	무	70g	7kg
양념류	멸치액젓	3g	280g
	고춧가루	2g	200g
	다진 마늘	4g	350g
	설탕	1g	80g
	사이다	5g	400g
	양파	10g	800g
	소금	3g	300g
	설탕(절임)	2g	160g
	소금(절임)	3g	250g

🎵 재료 준비(전처리)

1 무는 깨끗이 씻어 껍질을 제거한다.
2 한입 크기로 나박나박하게 일정한 모양이 아닌 자그마한 돌 모양으로 썰어준다.

🎵 대량 조리방법

1 무는 소금, 설탕을 이용하여 절인다.
2 양념 재료를 이용하여 양념장을 만들어 준다.
3 무에 양념을 넣고 버무려 준다.

Key Point

• 무를 절일 때 소금과 설탕을 같이 사용하는 것이 좋다.
• 무를 썰 때 한입 크기가 되도록 돌려가며 나박나박 썰어 주는 것이 좋다.

단체급식에 응용할 팁

＊ 대량 조리 시 섞박지 두께를 얇게 썰어 주면 절여지는 시간이 단축된다.

백김치 *White Kimchi*

매운 음식과도 잘 어울리고 상큼하게 시원한 맛을 내는 김치

	재료	1인분	100인분
주재료	배추	70g	7kg
양념류	무	3g	250g
	양파	2g	160g
	새우젓	4g	350g
	사이다	10g	800g
	다진 마늘	3g	250g
	소금	1g	80g
	찹쌀가루	5g	400g
	소금(절임)	5g	400g

🍴 재료 준비(전처리)

1 배추는 겉잎을 제거하고 4등분하여 준다.
2 소금물을 만들어 배추를 절여준다.

🍴 대량 조리방법

1 찹쌀풀을 만들어 준다.
2 배추를 흐르는 물에 씻어 물기를 제거해준다.
3 무, 양파를 갈아, 찹쌀풀과 함께 양념 재료를 이용하여 양념장을 만들어 준다.
4 절임배추 사이사이 양념을 넣어 백김치를 완성한다.

Key Point

• 백김치를 만들 때 배추 절이는 시간은 배추의 줄기가 반으로 접었을 때 부서지지 않을 정도로 한다.

• 양념장을 무, 양파, 마늘, 소금, 찹쌀풀을 넣고 절임 배추 사이사이 넣어주고 사이다와 새우젓으로 절임 물을 만들어 곁들여 내어도 된다.

단체급식에 응용할 팁

＊ 홍고추, 실파 등을 이용하며 색감도 좋고 먹을 때 잘 어울려 더 좋은 메뉴가 된다.

갓김치 *Fresh kimchi*

향과 특유의 맛이 입맛을 살려주는 갓김치

재료		1인분	100인분
주재료	청갓	60g	6kg
양념류	고춧가루	4g	320g
	멸치액젓	2g	160g
	새우젓	2g	160g
	설탕	1.5g	130g
	다진 마늘	1g	80g
	다진 생강	0.5g	30g
	무	3g	250g
	통깨	0.5g	30g
	밀가루	1g	60g
	소금	5g	400g

🍴 재료 준비(전처리)

1 청갓은 가지런히 손질하여 씻어 준다.

2 소금물을 만들어 줄기 부분부터 절이고 이후에 전체를 절인다. (3시간 이상)

🍴 대량 조리방법

1 밀가루 풀을 만들어 준다.

2 양념 재료를 믹서기에 넣고 갈아준다.

3 밀가루 풀, 양념 재료, 고춧가루를 이용하여 양념을 미리 만들어 둔다. (최소 30분 이상)

4 청갓을 짠맛이 나지 않도록 흐르는 물에 씻어 물기를 제거한다무는 손질하여 준비해 둔다.

5 청갓에 양념을 넣어 버무려 준다.

Key Point

• 줄기 부분이 잘 절여지지 않기 때문에 줄기 부분을 먼저 소금물에 담가 두었다가 적당히 절여지고 나면 잎 전체를 절여준다. (3시간 이상 소요)

• 갓김치는 꼭지 부분을 제거하지 않고 전체로 갓김치를 담는다.

• 청갓은 홍갓에 비해 매운맛이 강하지 않아 좋다.

단체급식에 응용할 팁

✳ 대량으로는 갓을 잘라서 김치를 담으면 버무리기도 쉽고 배식도 원활하다.

파김치 *Green Onion Kimchi*

김치의 최강자, 쪽파를 이용한 파김치, 짜파게티와 환상의 궁합

재료		1인분	100인분
주재료	쪽파	40g	4kg
양념류	고춧가루	4g	320g
	멸치액젓	2g	180g
	새우젓	2g	180g
	매실액기스	2g	180g
	배	10g	2개
	생강	2g	100g
	통깨	0.5g	30g
	밀가루	0.3g	30g

🎧 재료 준비(전처리)

1 쪽파는 가지런히 정리하여 세척해 둔다.

2 깨끗이 씻어 물기를 제거해 둔다.

🎧 대량 조리방법

1 쪽파를 큰 볼에 담에 멸치액젓으로 흰 줄기 부분 위주로 절여 준다.

2 30분 이상 절여, 액젓과 분리해준다.

3 밀가루 풀을 만들어 준다.

4 믹서기에 분리한 액젓과 양념 재료를 넣어 갈아 준다.

5 양념에 밀가루 풀, 고춧가루를 넣어 섞어준다.

6 양념은 쪽파의 흰 줄기 위주로 무치고 잎쪽은 양념을 살짝 무쳐 파김치를 완성한다.

Key Point

• 흰 부분 위주로 절임 작업, 무침 작업을 하고 잎 쪽은 간단히 작업해야 전체적으로 양념이 조화롭게 된다.

• 파김치는 마늘과 같은 뿌리가 맛을 좌우하듯, 마늘을 사용하지 않고 조리하는 것이 좋다.

• 밀가루 풀 물을 만들 때는 일반 김치와는 달리 농도를 진하게 만들어 준다.

• 조리 완료 후 바로 먹기보다는 일주일 정도 숙성시간을 두고 먹는 것이 좋다.

• 오래 두고 먹을 때는 밀가루 풀을 넣지 않고 양념한다.

단체급식에
응용할 팁

＊ 대량 조리 시에는 쪽파를 잘라 무침 형태의 김치를 만들 수 있다.

나박물김치 *Water Kimchi*

간단히 만들 수 있지만 맛은 간단하지 않은 나박물김치

재료		1인분	100인분
주재료	배추	20g	2kg
	미나리	5g	500g
	무	25g	2.5kg
	홍고추	2g	150g
양념류	다진 마늘	3g	250g
	소금	2g	160g
	고춧가루	2g	100g
	매실액기스	3g	250g
	소금(절임)	2g	180g

🎧 재료 준비(전처리)

1 배추, 무는 깨끗이 씻어 사방 1.5cm 크기로 썰어 준다.

2 배추, 무는 소금에 절여 준다.

3 미나리는 3cm 크기, 홍고추는 어슷썰기 한다.

🎧 대량 조리방법

1 분량의 양념 재료와 물을 섞는다.

2 체를 이용하여 다진 마늘과 고춧가루를 걸러 내 준다.

3 걸러 준 김치육수에 배추와 무를 넣어 준다.

4 미나리, 홍고추를 넣어 마무리한다.

Key Point

• 다진 마늘이 곱게 다진 것을 사용한다.면 고춧가루를 거즈를 이용하여 색을 내면 더 색이 고운 나박물김치를 만들 수 있다.

• 청양고추를 사용하면 매콤한 맛을 살릴 수 있어 색다를 맛이 있다.

단체급식에 응용할 팁

* 급히 만들어야 할 때는 물 대신 사이다를 이용하면 좋다.

* 오이, 당근을 고명으로 사용하는 경우도 많으며 다양한 식재료를 사용해도 좋다.

히카마깍두기 *Jicama Kimchi*

전통은 아니지만 색다른 깍두기의 맛을 살린 히카마깍두기

재료		1인분	100인분
주재료	히카마	60g	6kg
	부추	5g	350g
양념류	다진 마늘	2g	160g
	다진 생강	0.5g	30g
	멸치액젓	2g	120g
	새우젓	2g	160g
	설탕	1g	80g
	고춧가루	2g	160g
	밀가루	1g	80g

🎧 재료 준비(전처리)

1 히카마는 껍질을 제거하고 1.5~2cm 크기로 깍둑썰기 한다.

2 부추는 1cm 크기로 썰어준다.

🎧 대량 조리방법

1 밀가루 풀을 만들어 준다.

2 분량의 양념 재료를 이용하여 양념장을 만든다.

3 히카마에 양념을 넣고 버무려 준다.

• 히카마는 단맛이 강한 재료이므로 양념장을 만들 때 단맛이 많이 나지 않아도 된다.

• 양념장은 단맛이 강한 히카마의 맛이 상하지 않도록 강한 향과 강한 간이 되지 않도록 한다.

* 히카마가 비싸면 무를 섞어 사용해도 된다.

III 참고문헌

- aT농산물유통정보(KAMIS)
- 곽동경, 단체급식의 이해, 신광출판사, 2012
- 김덕희 외, 단체급식 실무 메뉴얼, 백산출판사, 2010
- 김문수, 학교급식법개정안자료집, 1996
- 김숙희, 단체급식 경영관리, 대왕사, 2007
- 김영수, 산업체 근로자들의 급식속성이 고객만족도, 고객애호도 간의 영향관계에 관한 연구, 경성대학교, 2020
- 네이버 지식백과
- 농림축산식품부, 국내산 농산물을 활용한 한식용 대체식품 개발, 농어업·농어촌특별대책위원회, '학교급식 개선을 위한 토론회' 자료, 서울: 농어업·농어촌특별대책위원회, 2005
- 농림축산식품부, 농림수산식품 교육문화정보원(농식품정보누리)
- 농업경영 매뉴얼, 농사로(농촌진흥청 농업기술포털) 농업기술길잡이
- 대한간호학회, 간호학대사전, 한국사전연구사, 1996
- 대한민국 식재총람
- 대한영양사회, 우리나라 영양사직의 현황 및 대한영양사회 활동, 국민영양 213, 1999
- 대한영양사회, 중·고등학교 급식운영, 어떻게 할 것인가, 1996
- 두산백과
- 박창식, 산업체 근로자들의 급식의 속성이 급식만족에 미치는 영향, 부경대학교, 2008
- (사)한국외식산업경영연구원
- 손은수, 산업체 단체급식 조리종사자의 직무특성에 따른 직무몰입과 직무스트레스가 이직의도 및 직무 만족에 미치는 영향, 경성대학교, 2017
- 손호창 외, 단체급식관리, 현대문화. 2012
- 손호창, 단체급식 종사자의 지각된 조직역량과 개인역량이 직무수행 및 조직성과에 미치는 영향에 관한 연구, 경성대학교, 2021
- 숨겨진 맛, 식재의 재발견
- 식품위생법, 법률 제19917호, 2025년 1월 3일 시행
- 신미혜 외, 한국의 전통음식, 백산출판사, 2008
- 양일선, 단체급식, 교문사, 2008
- 유동식, 영양학사전, 아카데미서적, 1998
- 임선희, 우리나라 학교급식의 현황과 발전방향, 국민영양, 1995
- 전희정 외, 단체급식관리, 교문사, 2005
- 전희정 외, 단체급식관리, 파워북, 2012
- 최수진, 셰프가 추천하는 54가지 향신료 수첩, 2011
- 통계청, 농작물 생산통계
- 학교급식백서, 학교급식백서편찬위원회, 1978
- 한국농수산식품유통공사(aT)
- 한국외식정보(주)
- 한복선, 한복선의 엄마의 밥상, 리스컴, 2009
- 허정윤, 봄철 당신을 깨울 영양 만점 '봄나물', 독초와 구분할 줄 알아야, 시선뉴스, 2023
- 현기순, 단체급식, 수학사, 1986
- 황진배 외, 채식건강식단 자료집, 전북특별자치도교육청, 2013
- 대한영양사협회 http://www.dietitian.or.kr/
- (주)다이어리알 http://www.diaryr.com/
- 아워홈 http://www.ourhome.co.kr/
- https://blog.naver.com/dj2342/60017581247
- https://blog.naver.com/mjn1978/220301838821
- https://blog.naver.com/mjn1978/220498828157

저자 소개

대한민국 조리기능장
경성대학교 외식경영학 박사
(주)아워홈 수석조리사
(사)한국차문화연합회 이사
(사)한국발효음식협회 이사
(사)한국조리사협회중앙회 경남지회 이사

손호창

대한민국 조리기능장
경성대학교 외식경영학 박사
마산대학교 외식조리제빵과 겸임교수
(주)모던캐터링 조리이사
(사)한국조리사협회중앙회 경남지회 부회장
경남조리발전연구소장

김영수

대한민국 조리기능장
경성대학교 외식경영학 박사
창원문성대학교 호텔조리제빵학부 교수
(사)한국조리사협회중앙회 부산지회 이사

손은수

저자와의
합의하에
인지첩부
생략

집밥에서 단체급식 실무까지(한식편)

2025년 2월 20일 초판 1쇄 인쇄
2025년 2월 28일 초판 1쇄 발행

지은이 손호창·김영수·손은수
펴낸이 진욱상
펴낸곳 (주)백산출판사
교 정 박시내
본문디자인 신화정
표지디자인 오정은

등 록 2017년 5월 29일 제406-2017-000058호
주 소 경기도 파주시 회동길 370(백산빌딩 3층)
전 화 02-914-1621(代)
팩 스 031-955-9911
이메일 edit@ibaeksan.kr
홈페이지 www.ibaeksan.kr

ISBN 979-11-6567-983-5 93590
값 22,000원

● 파본은 구입하신 서점에서 교환해 드립니다.
● 저작권법에 의해 보호를 받는 저작물이므로 무단전재와 복제를 금합니다.